Gewidmet allen Freunden und Unterstützern unserer Idee
des alltagstauglichen Freizeit-Gemüsegärtnerns.

Jörg Heiß und Martin Krumbein

Heiß auf Gemüse

ENTSPANNT ZUR EIGENEN ERNTE

LV.Buch

mdr Garten

Inhaltsverzeichnis

Anhang

Martin Krumbeins Expertentipps

Gartenredakteur Jörg Heiß und
Gemüse-Experte Martin Krumbein

Auf ein Wort.

Oder zwei. Oder doch ein paar mehr . . .

Wer schreibt hier? Kein Experte… sondern einer, der von null angefangen hat und neben Familie und Vollzeitjob sich trotzdem in den Kopf gesetzt hat, sein eigenes Gemüse anbauen zu wollen. Mein Name ist Jörg Heiß und eigentlich bin ich Fernseh-Regisseur und Autor beim Mitteldeutschen Rundfunk und Kinderkanal. Seit 2014 aber auch Freizeitgemüsegärtner.

Weil das Gärtnerleben einige Herausforderungen bereithält, habe ich mir einen Fachmann an die Seite geholt. Martin Krumbein vom Lehr- und Versuchszentrum Gartenbau in Erfurt weiß immer Rat, egal ob es um das Anlegen eines Hochbeetes, die Vertreibung von Blattläusen oder die optimale Düngung geht. Zusammen sind wir „Heiß auf Gemüse“. Einmal im Monat zu sehen im MDR Garten, der Gartensendung des Mitteldeutschen Rundfunks. Ich gärtnere in meinem Kleingarten und Martin Krumbein zeigt mir, wie es richtig geht. Und im Laufe der Jahre hab ich schon richtig viel bei ihm gelernt!

Aus unserem Erfahrungsschatz ist dieses Buch entstanden. Für Sie! Damit auch Sie „Heiß auf Gemüse“ werden. Mit jeder Menge Selbsterlebtem und Selbsterprobtem von mir, Jörg Heiß. Ergänzt durch die noch tiefergehenden Expertentipps von Martin Krumbein. So bringen wir Sie gemeinsam in sechs Schritten entspannt zur eigenen Ernte.

Viel Spaß und Erkenntnis beim Lesen und Gärtnern wünschen

Jörg Heiß und Martin Krumbein

1.

Denke nach und werde . . .

Gemüsegärtner

Warum jeder einen eigenen Gemüsegarten haben sollte!

Eine kleine Anekdote zum Anfang. Ein Jahr, nachdem ich beschlossen hatte, mir einen Kleingarten zu pachten und Hobbygemüsegärtner zu werden, konnte ich Martin Krumbein gewinnen, mich als Gartenexperte zu beraten. Also starteten wir gemeinsam die Fernsehserie „Heiß auf Gemüse". Das war im Frühjahr 2015. Nach wenigen Wochen erzählte er mir von seinem Kollegen beim Versuchszentrum Gartenbau Erfurt, der die ersten Beiträge von „Heiß auf Gemüse" im Fernsehen verfolgt hatte. Dieser Kollege sagte zu ihm, er solle mir bitte dringend ans Herz legen, mein Gemüse lieber im Supermarkt zu kaufen. Denn das würde doch zu nichts führen, bei mir im Garten! Zu schlechte Erde, zu schwierige Bedingungen und der Herr Heiß hätte als vielbeschäftigter Fernsehredakteur ja eh keine Zeit, sich ordentlich um seinen Garten zu kümmern.

Mittlerweile bin ich im achten Jahr Hobbygemüsegärtner und habe immer noch nicht aufgegeben. Martin Krumbein begleitet mich weiterhin mit seinen Tipps und ich möchte das Gärtnern nicht mehr missen. Trotz

Schneckenfraß und Unkrautwuchs, trotz meiner abwechselnd betonharten oder extrem klebrigen Erde. Ich habe die Herausforderung angenommen, als vollberufstätiger Familienvater mein Gemüse selbst anbauen zu wollen. Aber warum eigentlich?

Viele Vorteile

Kontrollierte Qualität

Sicher kann man sein Gemüse einfach aus der Kaufhalle holen. Auch in Bioqualität, der ich ein gewisses Vertrauen entgegenbringe. Aber wenn es einem wichtig ist, dass man selbst bestimmen kann, was ans Gemüse kommt und was nicht, dann hat man dieses Gefühl der Kontrolle wohl eben nur auf der eigenen Scholle.

Außergewöhnliche Sorten

Nicht zu verachten ist außerdem, dass man im eigenen Garten Gemüse ausprobieren kann, das es im Lebensmittelgeschäft eben nicht gibt. Während ich dieses Buch schreibe, versuche ich mich gerade an mehrjährigem Gemüse. Ich habe Arten angebaut mit so hübschen Namen wie „Zuckerwurzel", „Knollenziest" und „Guter Heinrich", wobei es sich bei den beiden erstgenannten um Wurzelgemüse und beim letzten um ein Blattgemüse handelt. Auch besorge ich mir immer wieder bei Samenbörsen besondere Arten und Sorten. Zum Beispiel den sibirischen Kohl. Das ist ein Blattkohl, winterhart und unkompliziert und dabei sehr schmackhaft.

Durch das Ausprobieren ungewöhnlicher Arten leistet man als Kleingärtner ganz nebenbei auch noch einen Beitrag zur Biodiversität. Also zum Erhalt der Vielfalt der Pflanzenwelt. Wer durch die Supermärkte geht, bemerkt schnell, dass das Angebot zwar groß ist, aber letztendlich doch immer wieder das gleiche.

Schauen Sie mal rein!

Was ich aktuell so in meinem Garten mache, können Sie übrigens immer verfolgen. Beim Mitteldeutschen Rundfunk auf mdr-garten.de oder auf meiner Internetseite heiss-auf-garten.de. Dort biete ich Informationen, Tipps und Links, erzähle über meine Projekte und über das, was ich am Gärtnern so liebe und schätze.

In meinem Garten wachsen Guter Heinrich, Zuckerwurzel und Knollenziest (von links) – Gemüsearten, die Sie im Lebensmittelgeschäft nicht finden werden.

Kurze Wege

Sehr zu schätzen weiß ich inzwischen jedenfalls die Frische meiner eigenen Gemüse. Vom Garten direkt auf den Tisch. Ohne große Transportwege und mit einem hohen Gehalt an wertvollen Inhaltsstoffen.
Ernährungswissenschaftler haben festgestellt, dass der Nährstoffgehalt im Gemüse mit der Zeit der Lagerung und auf dem Transportweg rapide abnimmt. Das gilt besonders für die beliebten Salate, die gewaschen, gebrauchsfertig und praktisch als lose Blätter in Plastiktüten angeboten werden. Sobald sie getrennt sind vom Strunk, verlieren sie. Das gibt es bei mir nicht, weder Plastikverpackungen noch lange Transportwege, noch die frühzeitige Trennung vom Strunk.

Vitamine und mehr

Haben Sie sich vielleicht auch schon einmal gewundert, warum der Markt für Nahrungsergänzungsmittel immer größer wird? Alle möglichen Mittelchen soll man zusätzlich zur Nahrung zu sich nehmen. Die Hersteller und Verkäufer von diesen Stoffen erklären, dass man sich selbst mit ausgewogener Ernährung nicht mehr ausreichend lebenswichtige Stoffe zuführen kann. Die Böden seien durch die jahrzehntelange intensive Bewirtschaftung ausgelaugt und könnten deshalb nicht mehr genügend wertvolle Stoffe an die Nahrungspflanzen abgeben, so wird es behauptet.

Ob das stimmt oder nicht, mag ich nicht beurteilen. Martin Krumbein zieht das als Profigemüsegärtner ohnehin in Zweifel. Schließlich gibt es auch im Profianbau organische Düngung und Zwischenfruchtanbau. Wie auch immer, ich weiß zumindest, dass in meinem Kleingarten die letzten Jahrzehnte keine intensive Bewirtschaftung betrieben wurde.
Ich nehme keine komplizierten Nahrungsergänzungsmittel. Ich esse einfach selbst angebautes Gemüse. Und es geht mir gut dabei.

Einfach mal abschalten

Mein Garten ist für mich im Laufe der Jahre zur Lebensschule geworden. **In einer immer hektischer werdenden Zeit hat Gartenarbeit etwas Meditatives. Sie hilft mir, abzuschalten.** Interessanterweise weiß ich inzwischen gerade das zum Anfang meines Gärtnerlebens äußerst ungeliebte Unkrautzupfen und Häckeln zu schätzen. Ich häckle und zupfe und nehme dabei Abstand vom Alltag, werde ruhig und lasse die Gedanken fließen. Die frische Luft und die Bewegung sind ein wunderbarer Ausgleich zum adrenalingetränkten Alltag. Wo ein Termin den anderen jagt, das Telefonklingeln nicht enden will und das Mailfach überquillt. Und jede Livesendung meinen Blutdruck als verantwortlicher Regisseur und Redakteur in unermessliche Höhen zu treiben droht.

Laufpäpste und Jogging-Gurus empfehlen zum Abbau von Anspannung und Adrenalin im Blut nach der Arbeit eine halbe Stunde Laufen zu gehen. Ich empfehle stattdessen in den Garten zu gehen und sich dort zu bewegen. Das hat dann sogar ganz nebenbei auch gleich noch etwas Produktives.

Selbstwirksamkeit ist ebenfalls ein schönes Stichwort in diesem Zusammenhang. Man merkt, was man selbst schaffen kann und es hinterlässt ein Gefühl der Zufriedenheit und Entspannung, wenn man ein Beet angelegt hat und die Pflanzen wachsen sieht. **Und eines darf ich Ihnen versichern: Nichts schmeckt so gut, wie selbst angebautes Gemüse.**

Und man lernt Geduld. Einer der ersten Sprüche, die mir Martin Krumbein mit auf den Weg gegeben hat, ist: „Der Gärtner braucht Geduld". Und genau so ist es auch. Geduld mit den Pflanzen, Geduld mit sich selbst. Gemüsegärtner wird man nicht an einem Tag.

Ein chinesisches Sprichwort sagt: „Das Gras wächst nicht schneller, wenn man daran zieht." Und so verhält es sich auch mit dem Gemüse.

Auch Demut ist etwas, das ich beim Gärtnern gelernt habe. Demut gegenüber der Natur. Die Natur ist immer stärker. Deshalb ist es wichtig für den gärtnerischen Erfolg, sich klarzumachen, dass es keinen Sinn ergibt, gegen die Natur zu gärtnern. Die Lösung ist, mit der Natur zu gärtnern. Sie zu beobachten und entsprechende Schlüsse zu ziehen. Wenn ich in einem schattigen feuchten Eck versuche, wärmeliebende Auberginen anzupflanzen, werde ich keinen Erfolg haben. Wenn ich aber die Pflanzen entsprechend der Standortbedingungen auswähle, geht vieles fast wie von allein.
Das ist eines meiner erklärten Ziele beim Gärtnern! Als berufstätiger Familienvater kann ich nicht ständig in den Garten, auch wenn ich es gerne wollte. Also muss ich meinen Garten so anlegen, dass er auch mal ohne mich klarkommt und ich trotzdem ernten kann. Wie das geht, erkläre ich zusammen mit Martin Krumbein in diesem Buch.

EIGENE ERNTE

Gut für die Figur

Und noch etwas: Wollen Sie abnehmen? Bauen Sie Gemüse an! Wer sein eigenes Gemüse anbaut, isst auch mehr Gemüse. Und wer mehr Gemüse isst, hat weniger Platz in seinem Bauch für andere, meist kalorienreichere Lebensmittel. Außerdem geben Sie Ihrem Körper das, was er eigentlich will und braucht: Vitamine, Mineralstoffe, Ballaststoffe und Mikronährstoffe. Heißhungerattacken sind dann seltener, und Sie essen auch insgesamt weniger.

BLICK IN MEINEN GARTEN.

Und wenn ich gar keinen Garten habe?

Aber was machen Sie jetzt, wenn Sie keinen Garten haben? Vielleicht haben Sie aber eine Terrasse? Fangen Sie doch dort mal mit einem kleinen Hochbeet an! Das können Sie fast überall aufstellen und Sie können prüfen, ob es Ihnen Freude macht. Selbst auf dem Balkon können Sie gärtnern und Gemüse anbauen. Salate und Radieschen wachsen auch im Balkonkasten. Viele Balkone sind durch ihre Südausrichtung geradezu ideal für sonnenhungriges Gemüse.

Wenn Sie auf den Geschmack gekommen sind, vielleicht schauen Sie sich dann nach einem Kleingarten um? Der ist gar nicht so schwer zu finden. In nahezu jeder Region gibt es einen Kleingärtnerverband, der Ihnen die Standorte und Ansprechpartner der einzelnen Gartenanlagen verrät. Suchen Sie den Kontakt und falls keine Parzelle frei sein sollte, lassen Sie sich auf die Warteliste setzen.

Dass irgendetwas dran sein muss am Gemüsebau, das sehen Sie ja auch schon allein daran, dass Martin Krumbein nicht nur beruflich Gemüsegärtner ist, sondern auch noch als Hobby einen Gemüsegarten besitzt, wie er auf der folgenden Seite erzählt!

Sie sehen also, es gibt viele Argumente, jetzt mit dem Gemüsegärtnern anzufangen. Und eigentlich gar keine, es nicht zu tun.

Sie müssen ja auch nicht gleich zum Profi-Gemüsegärtner werden. Oder zum Selbstversorger. Aber vielleicht gehen Sie den ersten Schritt auf dem Weg dorthin. Mein Rat: Fangen Sie einfach an!

Expertentipp

Martin Krumbeins Blick aus Expertensicht

Das Thema Gemüseanbau begleitet mich schon seit meiner Kindheit. In unserer Familie gab es immer einen großen Garten und solange ich zurückdenken kann, gehörte die Arbeit im Garten – so anstrengend wie sie auch manchmal war – ganz selbstverständlich mit zu den Aufgaben von uns Kindern. Neben der Selbstversorgung diente der Anbau von Gemüse und anderen Gartenprodukten und deren Abgabe in den Handel als willkommene zusätzliche Einnahmequelle.

An der frischen Luft

Auch beruflich hat es mich dann in die gartenbauliche Richtung gezogen. In den 80er Jahren studierte ich an der Humboldt-Universität in Berlin Gartenbau. Dieser Beruf mit dem Anbau von Pflanzen und viel Arbeit an der frischen Luft gefällt mir noch immer. Seit 1991 arbeite ich im Lehr- und Versuchszentrum Gartenbau (LVG) in Erfurt, welches seit dem Jahr 2019 Teil des Thüringer Landesamtes für Landwirtschaft und Ländlichen Raum ist.
Als Referent für den Gemüsebau beschäftige ich mich zum großen Teil mit der Verbesserung der Anbausysteme im Gemüsebau. Dafür prüfen meine Kollegen und ich neue Sorten, testen den effektiven Einsatz von Düngemitteln und Wasser oder führen Versuche zu neuen Strategien im Pflanzenschutz durch. Andere Versuche befassen sich mit den Möglichkeiten, bestimmte Gemüsearten, vor allem von Fruchtgemüse, in kleinem Umfang in den Anbau zu nehmen. Wir testen dort beispielsweise, wie man Tomaten im Kübel anbaut und mit welchen Maßnahmen man diese Pflanzen gesund erhält.
Wir testen auch, ob und wie der Anbau von Paprika und Chili, Melonen und Süßkartoffeln im Freiland unter den Bedingungen bei uns in Erfurt möglich ist. Hier können die Klein- und Hobbygärtner die Ergebnisse oft direkt selbst übernehmen.
Neben der Arbeit im Versuchswesen bin ich beim Unterricht in der Fachschule aktiv. Genau diese Kombination gefällt mir besonders: die Arbeit an der frischen Luft und im Büro bei der Durchführung und Auswertung der Versuche und der Austausch mit den jungen Leuten in der Fachschule.

Der eigene Garten

Einen großen Garten haben wir zuhause immer noch. Ich freue mich jedes Jahr wieder über die ersten frischen Salate aus dem Hochbeet und wenn dort dann auch Möhren und Rote Bete eine gute Ernte bringen. Doch haben wir keinen reinen Gemüsegarten, sondern auch etliche Obstbäume, Beerensträucher, Staudenrabatten und Gewürzkräuter. Die Ernte der zehn Apfelbäume ist in guten Obstjahren immer eine besondere Herausforderung. Und dann ist da noch eine große Blumenwiese am Hang, ein Paradies für Bienen und andere Kleintiere. Aus dieser Vielfalt und daraus, wie sich die Natur im Wandel der Jahreszeiten zeigt, da schöpfe ich Kraft.

Rat und Tat für Hobbygärtner

Für Hobbygärtner bieten wir im Lehr- und Versuchszentrum Gartenbau in Erfurt beim „Tag der offenen Tür“ (immer am letzten Samstag im August) die Möglichkeit, sich über alle Themen rund um den Garten und den Gemüseanbau zu informieren und mit unseren Fachberatern ins Gespräch zu kommen. Es gibt Beratungsstände zum Anbau von Gemüse, Obst und Zierpflanzen, zur Gartengestaltung, zu Düngung und Pflanzenschutz. An diesem Tag sind auch die Kollegen vom Pflanzenschutzreferat vor Ort. Sie kennen sich bestens mit den rechtlichen Regelungen, der Diagnose, dem Warndienst, den Bekämpfungsmöglichkeiten und dem aktuellen Zulassungsstand von Pflanzenschutzmitteln aus.

Auf Rundgängen durch unser Gelände stellen wir unsere Versuche vor, zeigen verschiedene Möglichkeiten, wie man den Anbau verbessern und die Pflanzen gesund erhalten kann. Dazu gehören beispielsweise Methoden der wassersparenden Bewässerung, zur richtigen Pflege der Pflanzen oder zum Einsatz von Vliesen und Netzen. Dies und die Fragen der Besucher können wir dann oft direkt am praktischen Beispiel, also an den Pflanzenbeständen diskutieren. Außerdem zeigen wir neue Sorten im Vergleich zu den bekannten im Anbau und verkosten zum Beispiel die verschiedenen Melonensorten an unserem Beratungsstand.

Reinklicken

Auf der Homepage des Versuchszentrums Gartenbau (tlllr.thueringen.de) bieten meine Kollegen und ich in der Rubrik „Gartenbau – Gemüse“ ausführliche Informationen für Hobbygärtner an.

Reinschauen

Ein breites Publikum erreichen wir aber auch noch auf einem anderen Weg: Die Zusammenarbeit mit dem MDR sorgt seit vielen Jahren dafür, dass Erfahrungen und Tipps aus dem Gartenbau auf einfache Art und Weise möglichst vielen Hobbygärtnern zugänglich gemacht werden. Regelmäßig sind Kollegen von mir im MDR Garten und in anderen Sendungen zu Gast und beleuchten Gartenthemen von der fachlichen Seite, zeigen aber auch die Schönheit und Vielfalt der Pflanzen und Gärten. Die Drehtermine im Garten von Herrn Heiß oder bei uns im Versuchsbetrieb gefallen mir sehr, weil man dort vieles sehr anschaulich darstellen kann. Immer wieder gibt es von den Zuschauern interessante Rückmeldungen zu unseren Sendungen. Da kommen dann zum Beispiel ganz konkrete Nachfragen zu einzelnen Themen und manche berichten uns auch von ihren eigenen Gartenerlebnissen. Häufig kommen Anmerkungen wie: „Das Problem hatte ich auch in meinem Garten und die Lösung, die Sie vorgestellt haben, hat sehr gut funktioniert.“

Insgesamt ist die Resonanz auf die gemeinsamen Sendungen mit Herrn Heiß wirklich sehr gut. Ich bin immer wieder überrascht, wie oft man von Freunden, aber auch von fremden Menschen auf unsere Sendungen angesprochen wird.

AUCH BEIM HOCHBEET ANLEGEN
KANN MAN VIEL WÜHLEN UND FÜHLEN.

Gartenmeditation

Ich zupfe und rupfe
ich steche und reche
ich wühle und fühle
meine Gedanken fließen
in erdig brauner Schwere
in leichter luft'ger Leere
als ob nichts um mich wäre
als nur mein Gartenland
nichts kann mich verdrießen
all das will ich genießen
bei der Arbeit mit der Hand

Jörg Heiß

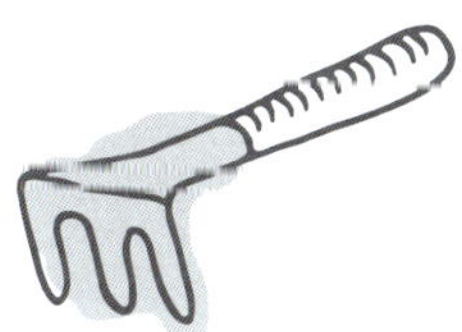

2.

Nachdenken ist gut – Vorausdenken ist besser

Gartenstruktur

Am Anfang war das Wort. So heißt es in der Bibel, dem Buch der Bücher. Bei mir heißt es: Vor dem Wort war der Gedanke! Setzen Sie sich also hin, bei einer schönen Tasse Tee oder Kaffee, und überlegen Sie, was Sie wollen. Wollen Sie erstmal nur ein bisschen probieren, ob Ihnen das Gemüsegärtnern überhaupt liegt? Oder sind Sie wild entschlossen, gleich in die Vollen zu gehen?

Überlegen Sie, was das Ziel Ihres Gemüsegartens ist. Im Sommer ein paar selbst gezogene Salate genießen? Oder das ganze Jahr über ernten? Wollen Sie die große Vielfalt oder möchten Sie nur bestimmte Gemüse anbauen?

Versuchen Sie einzuschätzen, was Sie schaffen können. Neben dem, was Sie sonst noch so in Ihrem Leben zu tun haben. Nichts ist frustrierender, als wenn Sie auf Ihre Beete schauen und ständig denken: „Ich müsste da doch mal wieder häckeln, gießen, Schnecken absammeln, jäten, neu pflanzen…“ und Sie kommen nicht dazu. Planen Sie lieber erstmal etwas kleiner und erweitern Ihren Gemüsegarten später Stück für Stück. Oder eben auch nicht.

Ihr Gemüsegarten soll Ihnen Freude bereiten. Das sollte das oberste Ziel sein. Er soll Ihr Leben bereichern. Alles andere ist zweitrangig.

Wenn Sie genug nachgedacht haben, dann gehen Sie hinaus. In Ihren Garten. Und schauen ihn sich an: Wo könnte das Gemüsebeet hin? Wollen Sie ein großes Beet anlegen oder sollen es mehrere kleinere Beete werden? Wie groß sollen die Beete sein? Die Größe der Beete hängt nicht zuletzt davon ab, was und wie viel Sie darauf anbauen wollen. Daran können Sie sich orientieren: Auf einen Quadratmeter bekommen Sie etwa 100 Radieschenpflanzen. Oder sechs Salatköpfe. Oder drei Grünkohl. Oder eine Kardy.

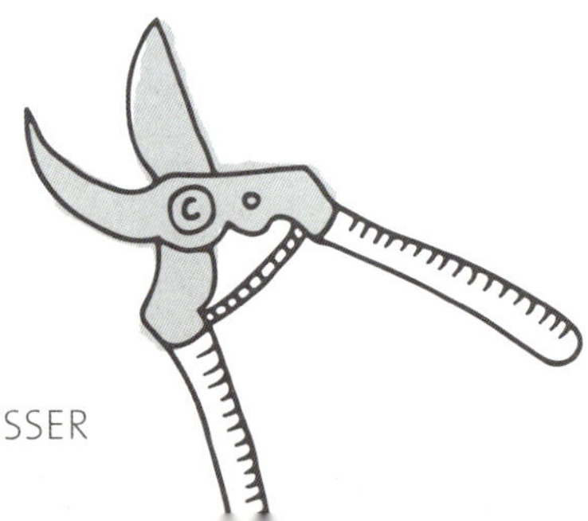

IMMER GUT:
ÜBERLEGEN, WAS MAN WILL.

Beete anlegen

Rund oder eckig?

Welche Form soll das Beet haben? Quadratisch, rechteckig, rund? Auch ungewöhnliche Formen sind machbar. Sternförmig, schlangenlinienartig, dreieckig. Sie sind der Gartengestalter.

Denken Sie – unabhängig von der Beetform – daran, dass Sie an alle Pflanzen immer gut rankommen müssen. Sie brauchen also kleine Wege, um sich die Beete zu erschließen. Dabei sollten Sie im Kopf behalten, dass kaum ein Arm weiter als 60 cm reicht. Ansonsten wird es anstrengend. Das heißt, bei breiteren Beeten (über 60 bis 120 cm) müssen Sie von beiden Seiten an das Beet herankommen können.

Stichwort Platzbedarf: Auf 1 qm passt eine Kardy.

Licht oder Schatten?

Die meisten Gemüsepflanzen sind sonnenhungrig und wärmeliebend. Wenn da also ein Baum über Ihrem künftigen Beet steht und den halben Tag Schatten wirft, werden Sie wenig Erfolg haben. Ebenso, wenn Sie das Beet direkt an eine meterhohe Hecke planen.

Schauen Sie sich bewusst den Lauf der Sonne an und achten Sie auf Schattenwürfe, auch von benachbarten Gebäuden. **Je mehr Sonne Ihr Beet bekommt, desto besser.** Sollte Ihr Garten hinterm Haus zu schattig sein oder vielleicht bereits so angelegt, dass Sie da einfach keinen Platz finden für ein Beet, dann werfen Sie mal einen Blick vor das Haus. Auch ein Vorgarten kann sich gut als Gemüsebeet eignen. Warum sollte man seine Besucher immer von Blumen, Hecken und Sträuchern begrüßen lassen, warum nicht mal von Salat, Mangold und Wirsing?

Flach oder hängig?

Werfen Sie jetzt einen Blick auf das Gelände in Ihrem Garten. Ist es flach oder hängig? Oder beides? Am Hang ist das Gärtnern anstrengen-

Der Ursprung: völlig zugewachsener Garten.

der. Irgendetwas muss man immer hochschleppen. Und sei es nur sich selbst. Dafür ist ein bepflanzter Hang in der Regel sehr übersichtlich und kann dabei sehr hübsch aussehen. Schöner als manch flaches Beet.

Ein guter Plan

Wenn Sie sich alles in Ruhe angeschaut haben, schlafen Sie eine Nacht darüber. Sprechen Sie mit anderen über Ihre Ideen. Wahrscheinlich können Sie so noch jede Menge Tipps und Ratschläge einsammeln. Wenn diese Ihnen gefallen, können Sie sie gleich in Ihre Überlegungen einbeziehen. Und dann zeichnen Sie einen Plan.

Als ich meinen Kleingarten übernommen habe, war dieser zuvor vier Jahre lang nicht bewirtschaftet worden. Er lag brach und die Natur hatte ihn sich zurückgeholt. Alles war verkrautet, überwuchert und durchwurzelt. Aber die Grundstruktur konnte ich noch erkennen. Rechts an der Hecke war eine Wiese, links zum Gartennachbarn hin das Beet, unten am Zaun die Terrasse und das Gerätehaus. Da mir die Aufteilung sinnig und schlüssig erschien, behielt ich sie bei.

Abgrenzungen: Zäune, Hecken, Wege

Wenn Sie wie ich in einer Kleingartenanlage gärtnern, dann sind Sie bezüglich der Abgrenzungen zwischen den Grundstücken in der Regel an Vorgaben gebunden. Im Kleingarten sind Zäune meist nur an den Außenseiten der Anlage erlaubt, nicht aber zu den Nachbarn, also zwischen den einzelnen Parzellen. Sie können sich aber ein bisschen abgrenzen durch Hecken. Beerenhecken bieten sich da besonders an. Himbeeren, Johannisbeeren, Stachelbeeren, Brombeeren – möglichst aber Sorten ohne Stacheln an den Ranken – ergänzen Ihren Garten mit Beerenobst. Außerdem lassen sie sich gut im Zaum halten und werden nicht so hoch, dass sie Ihr Beet verschatten.

Planen Sie für die Hecken gleich bei der Anlage des Gemüsebeetes genügend Platz ein. So eine Beerenobsthecke braucht einen Meter Breite plus noch einen Weg, denn man will ja auch zur Ernte rankommen. Also 1,5 m bis zur Grundstücksgrenze sind nötig.

Etwas freier in der Gestaltung sind alle, die sich nicht mit den Kleingartenregeln auseinandersetzen müssen und ein eigenes Haus mit Garten haben. Hier können Sie eine Hecke an der Grenze zum Nachbarn pflanzen oder auch einen Zaun setzen. Das hilft vor allem dann den nachbarlichen Frieden zu schützen, wenn der Nachbar einen Hund hat, der sich für Ihr Gemüsebeet interessiert, sei es auch nur als gelegentliche Toilette.

An der Grenze zum Nachbarn wachsen Beerenbüsche in meinem Garten.

Wenn Sie keine Hecke pflanzen und auch keinen Zaun setzen wollen, aber viel Schnittgut von allerlei Sträuchern in Ihrem Garten haben, können Sie eine sogenannte Benjeshecke anlegen. Das geht ganz einfach. Legen Sie das Schnittgut übereinander an den Rand Ihres Grundstückes bzw. Gemüsebeetes. Damit der Strauchschnitt nicht zu breit liegt, hauen Sie links und rechts jeweils ein paar dickere gerade Äste oder kurze Holzpfähle in den Boden. So haben Sie immer einen Platz, wo Sie Ihren Hecken- und Strauchschnitt direkt ablegen können, und schaffen gleichzeitig ein Versteck für zahlreiche Gartennützlinge wie etwa Igel.

Möchten Sie Ihr Gemüsebeet nicht zum Nachbarn hin, sondern innerhalb Ihres Gartens abgrenzen, bietet sich wie im Bauerngarten eine Umrahmung mit Buchsbäumchen an. Oder Sie nehmen Studentenblumen, die sehen hübsch aus und haben nebenbei noch einen kleinen Schneckenschutzeffekt. Nacktschnecken lieben den Duft und knabbern gerne daran. Das ist aber immer noch besser, als wenn sie Ihr Gemüse auffuttern.

Sie können sich auch eine Umrahmung mit Kräutern überlegen. Minze und Schnittlauch schrecken durch ihren Duft ebenfalls Schnecken ab und bringen dabei noch Erntefreude. Mehr zum Schutz vor Schnecken lesen Sie im Kapitel „Freund und Feind".

Auch Wege können Ihren Garten ansehnlich einrahmen und sorgen zudem dafür, dass Sie alle Ecken gut erreichen. Wenn Sie sich viel Arbeit machen wollen, fassen Sie Ihr Beet mit Rasenkantensteinen ein und rahmen es mit einem Steinweg ein.

Ich selbst habe mir die ersten Jahre damit beholfen, dass ich auf meinen Wegen zwischen den Beeten Holzhäcksel ausgestreut habe. Die Häcksel bekomme ich vom Grünflächenamt, dessen Mitarbeiter sich um das Städtische Grün und den Rückschnitt zu Jahresanfang kümmern. Oft wissen die gar nicht, wohin mit dem ganzen Gehäcksel und sind deshalb dankbar für Abnehmer. Wenn Sie im Februar beim Grünflächenamt anfragen, liefern die Ihnen gerne einen Hänger voll Holzhäcksel bis an den Gartenzaun. Und das für einen Spottpreis. Sie müssen sich aber vor dem 1. März melden, denn danach dürfen keine großen Schnittarbeiten mehr gemacht werden.

Expertentipp

GARTENBEETE UND WEGE

Die Größe und die Gestaltung der Beete hängen von verschiedenen Faktoren ab.

1. Lage

Sollte der Garten an einem Hang liegen, wie beim Herrn Heiß, dann ist die Einteilung der Flächen besonders wichtig. Je steiler der Hang, umso mehr Aufwand muss betrieben werden, damit bei Niederschlägen der fruchtbare Oberboden nicht abgespült wird. Durch eine Terrassierung des Hanges und das Anlegen der Beete quer zur Hangrichtung kann man die Erosion des Bodens am besten vermeiden.

Ist die Gartenfläche eben, besteht dieses Problem nicht und man hat deutlich mehr Spielraum bei der Gestaltung der Beete. Übrigens: Bei den Profis im Erwerbsgartenbau richtet man sich bei der Einteilung der Felder nach der Arbeitsbreite der Maschinen und der Fahrspur der Traktoren. Das brauchen wir im Kleingarten nicht, da hier nur teilweise die kleine Technik aus dem Baumarkt zum Einsatz kommt und ansonsten alles in Handarbeit erledigt wird.

2. Wege

Beim Anlegen der Beete geht es immer auch um die Wege. Wichtig bei der Schaffung einer Struktur im Garten ist vor allem das Anlegen der Hauptwege. Über diese sollte man die häufig genutzten Punkte im Garten günstig erreichen können, also vom Eingang aus die Gartenlaube, das Gerätehaus oder den Schuppen, die Wasserstelle, den Komposthaufen und die Hauptwege zu den Beetflächen. Diese Wege sollten so bemessen sein, dass man sie bequem mit einer Schubkarre benutzen kann. Die anderen Wege zwischen den Beeten, die man für die Arbeiten am oder im Beet benötigt, können etwas schmaler ausfallen. Übrigens gilt die Regel: Wenn ein Weg nie benutzt wird, braucht man ihn auch nicht.

3. Beetgröße

Ob die Beete kleiner oder größer ausfallen, hängt vor allem von der Größe des jeweiligen Gartens ab und davon, welche Kulturen in welcher Menge angebaut werden sollen. Man sollte bedenken, dass man bei größeren Beeten eventuell etwas längere Wege laufen muss, gleichzeitig allerdings weniger Fläche für die Wege verliert. Legt man eine größere Anzahl kleinerer Beete an, hat man zwar praktisch zu jeder Stelle im Garten „einen kurzen Weg“, es kann allerdings etwas unübersichtlich wirken.

Da man in einem Gemüsegarten mehrere Arten auf ein Beet säen und pflanzen darf, kann man bei der gewählten Beetgröße recht entspannt sein. Wenn ein Beet mit einer Kultur noch nicht voll belegt ist, hat man mehrere Möglichkeiten. Zum

Beeteinfassung bauen.

Zwischen den Beeten befinden sich ca. 40 cm breite Wege.

einen kann man es mit weiteren Arten ergänzen, die gut zusammenpassen, also zu einigen Reihen Kohlrabi kann man Radies oder Rucola aussäen und verschiedene Salate pflanzen. Zum anderen kann man auch einige Streifen für einen Folgesatz freilassen. Man pflanzt also ganz bewusst nicht alles auf einen Ruck voll, sondern sät nur eine kleine Menge Radies und pflanzt nur zehn Stück Salat und dann zwei bis drei Wochen später wiederholt man das Ganze. Das ist zwar bei der Beschaffung der Jungpflanzen etwas aufwändiger, aber es kommt nicht so viel auf einmal zur Ernte.

So kommen Gärtner und Gartenhelfer überall gut ran.

Bodenanalyse

Wer Gemüse anbauen will, muss sich mit der Erde in seinem Gemüsebeet beschäftigen. Struktur und Qualität des Bodens entscheiden darüber, was mit Erfolg angebaut werden kann, aber auch was man tun kann, um die Bedingungen für die gewünschten Pflanzen zu verbessern.

Analyse mit der Hand

Um Genaueres über Ihren Boden zu erfahren, haben Sie zwei Möglichkeiten: Eine schnelle, ungefähre, dafür aber kostenlose Methode und eine aufwändigere, genauere, die aber ihren Preis hat.
Die erste Methode ist die sogenannte Fingerprobe. Hier wird der feuchte Boden auf Bindigkeit, Mehligkeit und Körnigkeit untersucht. Je nach den daraus abgeleiteten mengenmäßigen Anteilen von Sand, Schluff und Ton kann eine grobe Aussage über die Bodenart gemacht werden.

Suchen Sie sich ein feuchtes Fleckchen von Ihrem künftigen Gemüsebeet und nehmen sich davon eine Handvoll Erde. Sie sollte ohne Pflanzenfasern sein und ohne grobe Steine. Sollte alles trocken sein, befeuchten Sie die entnommene Erde. Rollen Sie die Erde jetzt zwischen beiden Händen. Wie verhält sie sich?

- Bröselt sie sofort auseinander, dann haben Sie einen Boden mit wenig Bindigkeit und hohem Sandanteil. Das bedeutet, dass die Wasser- und Nährstoffhaltefähigkeit niedrig ist. Sie müssen also viele Nährstoffe und Wasser zuliefern. Wichtig ist es, die Düngung auf mehrere kleine Gaben zu verteilen. Verabreichen Sie dem leichten Boden eine große Menge Dünger auf einmal, ist die Gefahr der Auswaschung in die unteren Bodenschichten hoch. Andererseits ist dieser Boden locker und einfach zu bearbeiten.

- Wenn es Ihnen gelingt ein festes Würstchen zu rollen, dann hat der Boden einen hohen Schluff- und Tonanteil. Damit hat er eine hohe Wasser- und Nährstoffhaltefähigkeit. Haben Sie es erst einmal geschafft, den Boden mit Nährstoffen aufzuladen, müssen Sie weniger oft Nährstoffe und Wasser zuliefern. Dafür ist der Boden schwieriger zu bearbeiten. Je trockener desto härter, je feuchter desto klebriger. Es gibt nur ein schmales Fenster, in dem die Bodenbearbeitung keine Quälerei ist.

Martin Krumbein kommt, um meinen Boden einzuschätzen.

Es lässt sich leicht ein kompaktes Würstchen formen.

Mein Boden hat also im Prinzip eine hohe Wasser- und Nährstoffhaltefähigkeit.

Ich habe einen sehr lehmig-schluffigen, festen Boden.

Die Bodenbearbeitung ist aber nur in einem schmalen Zeitfenster möglich.

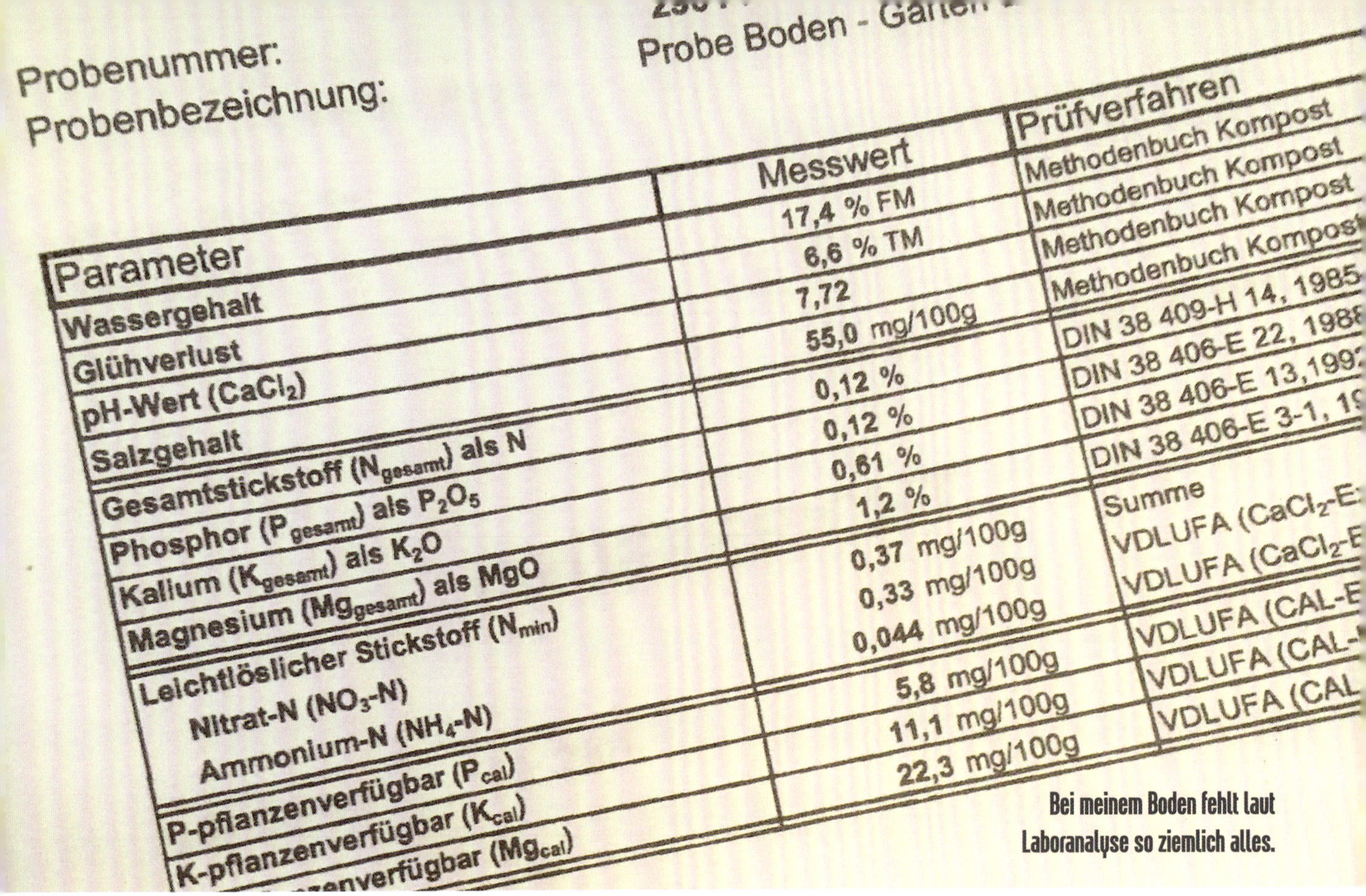

Probenummer:
Probenbezeichnung: Probe Boden - Garte

Parameter	Messwert	Prüfverfahren
Wassergehalt	17,4 % FM	Methodenbuch Kompost
Glühverlust	6,6 % TM	Methodenbuch Kompost
pH-Wert ($CaCl_2$)	7,72	Methodenbuch Kompost
Salzgehalt	55,0 mg/100g	Methodenbuch Kompost
Gesamtstickstoff (N_{gesamt}) als N	0,12 %	DIN 38 409-H 14, 1985
Phosphor (P_{gesamt}) als P_2O_5	0,12 %	DIN 38 406-E 22, 198
Kalium (K_{gesamt}) als K_2O	0,61 %	DIN 38 406-E 13,199
Magnesium (Mg_{gesamt}) als MgO	1,2 %	DIN 38 406-E 3-1, 1
Leichtlöslicher Stickstoff (N_{min})	0,37 mg/100g	Summe
Nitrat-N (NO_3-N)	0,33 mg/100g	VDLUFA ($CaCl_2$-E
Ammonium-N (NH_4-N)	0,044 mg/100g	VDLUFA ($CaCl_2$-E
P-pflanzenverfügbar (P_{cal})	5,8 mg/100g	VDLUFA (CAL-E
K-pflanzenverfügbar (K_{cal})	11,1 mg/100g	VDLUFA (CAL-
…zenverfügbar (Mg_{cal})	22,3 mg/100g	VDLUFA (CAL

Bei meinem Boden fehlt laut Laboranalyse so ziemlich alles.

Analyse im Labor

Die genauere Methode ist die Bodenanalyse im Labor. Dafür brauchen Sie eine Bodenprobe. Dazu stechen Sie rund ein Dutzend Mal mit einem speziellen Probennehmer oder einer kleinen Schaufel in Ihr Beet und entnehmen immer etwas Erde. An verschiedenen Stellen, von oben und auch aus verschiedenen Tiefen – von 0 bis 60 cm. Die Proben mischen Sie zusammen und packen sie in einen verschließbaren Folienbeutel. Rund 500 g müssen Sie sammeln. Die Bodenprobe sollte recht zügig an ein Labor verschickt oder kühl gelagert werden, da das Ergebnis verfälscht wird, wenn das Probenmaterial sich stärker erwärmt.

Ein geeignetes Labor finden Sie z.B. im Internet unter dem Stichwort „Bodenanalyse-Labor". Es lohnt sich die Angebote zu vergleichen. Ihr Labor schickt Ihnen eine schriftliche Analyse, in der Ihnen der Nährstoffgehalt Ihres Bodens aufgeschlüsselt wird.

Stickstoff, Phosphor und Kalium

Grundsätzlich interessant für den Gemüsegärtner sind die sogenannten Makronährstoffe Stickstoff (N), Phosphor (P) und Kalium (K). Ohne die läuft beim Pflanzenwachstum nichts. Martin Krumbein hat mir erklärt, dass im Gemüsebau ein N : P : K Verhältnis von 1 : 0,2 : 1,2 angestrebt wird.
Bei meinem Garten hat sich in der Analyse gezeigt, dass die Stickstoff-, Phosphor- und Kaliumwerte sehr niedrig sind. Die Wachstumsbedingungen waren also mäßig. Kein Wunder, dass es bei mir nicht recht voran gehen wollte.

Magnesium, Schwefel und Kalzium

Weitere relevante Makronährstoffe sind Magnesium (Mg), Schwefel (S) und Kalzium (Ca), deren Gehalt in der Regel im Rahmen der Analyse ebenfalls ermittelt wird.

Weiterführende Analysen

Labore bieten Ihnen übrigens auch Untersuchungen von Mikronährstoffen an: Bor (B), Eisen (Fe), Mangan (Mn), Molybdän (Mo), Kupfer (Cu) und Zink (Zn). Für einen ersten Labordurchlauf brauchen Sie das aber nicht zu beauftragen. Martin Krumbein meinte zu mir, dass eine solche weiterführende Analyse nur sinnvoll ist, wenn man im Laufe der Zeit feststellt, dass trotz guter Makronährstoffversorgung einfach nichts so recht wachsen will.

Was macht man aber nun, wenn ein Mangel im Boden herrscht? Erstmal: Keine Sorgen. Sie können trotzdem anfangen zu gärtnern. Denn Bodenverbesserung ist kein schlagartiger, sondern ein fortwährender Prozess. Das heißt, Sie können im Verlauf des Gartenjahres nach und nach die Bodenqualität verbessern. Also mageren Boden aufwerten und zu schweren Boden abmagern. Nahrstoffarme Böden lassen sich zum Beispiel mit Kompost anreichern. Und mit unterschiedlichen Arten von Dünger. Wie das geht, lesen Sie im nächsten Kapitel „Urbarmachen“, ab Seite 40.

Von Säuren und Basen

Auch der pH-Wert, also der Säure-Basen-Wert Ihres Bodens, ist interessant. Die meisten Gemüsepflanzen mögen keinen sehr sauren Boden mit pH-Werten unter 5,5, sondern bevorzugen neutralen bzw. leicht alkalischen oder nur leicht sauren Boden mit einem pH-Wert zwischen 6 und 7,5. Die Höhe des pH-Wertes hängt von der Bodenart und seiner Herkunft sowie der Bewirtschaftung ab, also der Art des Düngers, den Sie einsetzen.
Den pH-Wert bekommen Sie vom Labor mitgeliefert, aber Sie können ihn auch ganz einfach selbst feststellen. Besorgen Sie sich in der Apotheke oder Drogerie sogenannte Lakmus-Streifen. Lösen Sie etwas Erde in einem Glas Wasser auf und halten einen der Streifen für ein paar Sekunden hinein. Wenn er sich verfärbt, vergleichen Sie die Farbe mit der mitgelieferten Skala. Geht die Farbe in Richtung grün-blau, ist Ihr Boden alkalisch. Wenn die Farbe in Richtung orange-rot geht, ist Ihr Boden sauer. Der gewünschte pH-Wert zwischen 6 und 7,5 entspricht bei den meisten Lackmustests einer gelblich-leichtgrünen Färbung.
Ebenso wie bei den Pflanzennährstoffen sind Sie beim Thema pH-Wert nicht hilflos den Gegebenheiten ausgeliefert, sondern können diese nachjustieren. Einen zu sauren Boden können Sie kalken, einen zu alkalischen etwas nachsäuern.

Als neutral gilt ein pH-Wert von 7.

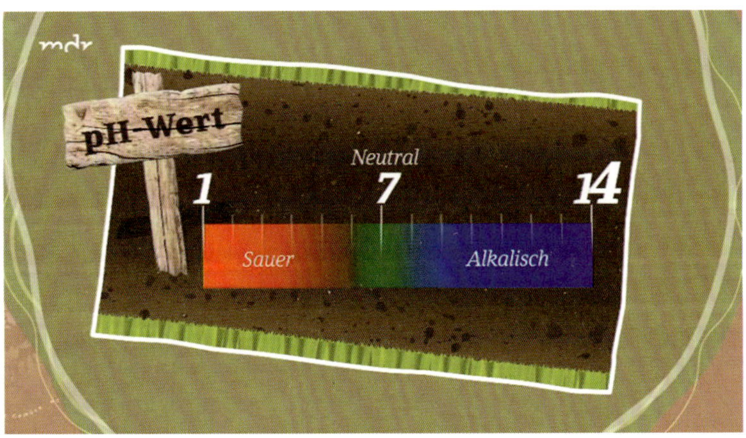

Lakmustest. Drei Erdproben.
Alkalisch. Neutral. Sauer.

Verdacht auf Schadstoffe?

Den Labortest empfehle ich vor allem dann, wenn Sie ein Haus neu gebaut haben und gar nicht wissen, was da so in Ihrem Garten liegt. Ein Boden, der von Baumaschinen bearbeitet und verdichtet wurde, ist ohnehin erst einmal für jede Pflanzung schlecht. Noch schlechter ist es aber, wenn sich im Boden Rückstände von Baumaschinen-Öl oder allerlei Anderem finden.

Wenn Sie etwas in dieser Richtung vermuten, geben Sie Ihrem Labor den Zusatzauftrag, nach Schadstoffen zu suchen. Denn Schadstoffe im Boden gehen in die Pflanze und damit ins Gemüse. Sollten sich dabei ungünstige Werte ergeben, denken Sie noch einmal nach, ob das wirklich der richtige Ort ist für Ihr Beet. Je nach Schadstoffbelastung kann es sinnvoll sein, sich einen extra Garten zu suchen und rund ums Haus nur Zierpflanzen zu setzen. Alternativ könnten Sie die Erde im künftigen Beet austauschen lassen oder mit Hochbeeten arbeiten und damit selbst bestimmen, in welcher Erde Ihr Gemüse wächst.

Urbarmachen

Als ich meinen Garten übernahm, hatte er zuvor vier Jahre lang brachgelegen und war komplett durchwurzelt und verkrautet. Brombeerranken hatten sich überall breitgemacht und bildeten zusammen mit Gräsern und Brennnesseln ein beinahe undurchdringliches Dickicht. Zusammen mit meiner Lebensgefährtin machte ich mich ans Werk. Mit einem benzinbetriebenen Freischneider mit Brombeermesser bahnten wir uns zunächst Wege ins Dickicht und arbeiteten uns von dort aus in alle Richtungen vor. Eine kleine Ecke haben wir aber im Urzustand gelassen, sozusagen als „Memorial", als Denkmal für unsere Leistungen.

Ich nehme an, dass Ihr Garten einen anderen, besseren Grundzustand aufweist als meiner damals. Dennoch dürfte kaum alles schon bereit sein für die erste Pflanzung. Wenn doch, überspringen Sie dieses Kapitel oder lesen Sie es zurückgelehnt und entspannt und erfahren Sie, was Sie sich alles erspart haben.

GARTENMEMORIAL:
EIN KLEINES ECK IM GARTEN HABE ICH IM VERWILDERTEN URZUSTAND ERHALTEN.

VIEL ZU TUN:
SAND SOLL MEINEN KLEBRIGEN BODEN LOCKERN HELFEN (FOTO OBEN). ZWEI BEETE SIND SCHON UMGEGRABEN (RECHTS).

Von der Wiese zum Beet

Angenommen, Ihr künftiges Gemüsebeet soll auf eine Fläche, wo derzeit Gras wächst oder andere Pflanzungen stehen. Das muss alles raus. Oder im günstigsten Falle zumindest umgegraben werden. Wenn Sie nur umgraben und die Oberseite der Scholle nach unten drehen, müssen Sie damit rechnen, dass die ursprünglich angesiedelten Pflanzen früher oder später wieder durchdrücken. Somit haben Sie das gründliche Jäten und Saubermachen des Beetes lediglich auf später verschoben. **Wenn Sie andererseits aber alles genauestens durchhäckeln und jedes Kräutchen entfernen, werden Sie wahrscheinlich nie fertig.**

Die Ruhephasen zwischen den Bearbeitungsdurchgängen helfen den Bodenorganismen, sich neu zu organisieren. Das spatentiefe Umgraben ist immer ein massiver Eingriff in die Bodenstruktur, lässt sich aber bei der Neuanlage eines Beetes kaum umgehen.

Also empfehle ich einen Kompromiss, den Sie in vier überschaubaren Arbeitsgängen umsetzen können:

- 1) Graben Sie um, entfernen Sie dabei gleich die größten Strünke und lassen Sie den Boden so ein bisschen liegen.

- 2) Decken Sie den Boden mit Unkrautvlies aus dem Gartenmarkt ab. Das lässt Wasser durch, während es gleichzeitig die offene Erde vor der Neubesiedlung mit Samenunkräutern schützt. Wenn Sie das Vlies dann wegnehmen, kann es zwar sein, dass noch etwas nachkeimt, aber Sie haben schon mal eine Grundlage geschaffen.

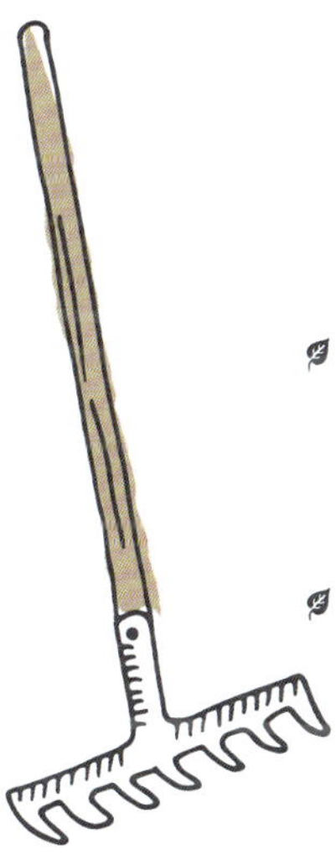

- 3) Nach ein paar Tagen oder Wochen – je nachdem wie Sie Zeit haben – hacken oder grubbern Sie die Schollen klein, am besten wenn der Boden leicht feucht ist. Dabei jäten Sie durch.

- 4) Kurz vor der ersten Pflanzung jäten und häckeln Sie alles noch einmal.

Unkrautvlies schützt vor der Besiedlung mit Samenunkräutern. Später können Sie einfach Löcher reinschneiden und die Gemüsepflanzen einsetzen.

So sparen Sie Arbeit

Wenn Sie keinen besonderen Zeitplan haben, empfehle ich Ihnen, das Beet im Spätherbst anzulegen. Denn wenn Sie nach dem ersten Umgraben die groben Schollen bis zum Frühjahr liegen lassen, hilft Ihnen die winterliche Kälte bei der weiteren Bearbeitung. Unter null Grad gefriert das Wasser in den Schollen und sprengt sie auf. Gärtner nennen das „Frost-Gare". Mit etwas Glück und genügend Frosttagen haben Sie also zu Beginn der Pflanzzeit im Frühjahr ein schönes feinkrümeliges Feld. Und das ohne viel Arbeit.

Boden verbessern

Haben Sie bereits einen pH-Test und eine Laboranalyse durchgeführt, wissen Sie Ihren Boden schon gut einzuschätzen. Je nach Situation können Sie direkt bei einem der vier oben beschriebenen Arbeitsgänge Ihren Boden aufwerten bzw. verbessern. Schauen Sie dazu in die Bodenverbesserungsstabelle. Machen Sie daraus aber bitte keine Wissenschaft. Sie können auch ohne pH-Test und Laboranalyse anfangen. So habe ich es gemacht. Man sieht recht schnell, was gedeiht und was nicht und kann daraus sehr viele Schlüsse ziehen. Jetzt schauen wir aber einmal genauer darauf, wie man welchen Boden verbessern kann. Martin Krumbein hat dazu zwei interessante Tabellen zusammengestellt.

Expertentipp

Allgemeine Maßnahmen zur Bodenverbesserung

Einsatz von Kompost: Hergestellt aus Rasenschnitt, gejäteten Unkräutern, Staudenschnitt, Laub, geschreddertem Baumschnitt, Ernterückständen, Küchenabfällen, Kleintiermist, etc., alles gut vermischt, aus trockenen und wasserhaltigen Bestandteilen zur Erhöhung des Gehaltes an organischer Substanz und zur Aktivierung des Bodenlebens; bei Material mit weitem C:N Verhältnis (Holz, Stroh, trockener Staudenschnitt, Laub) auf die N-Versorgung der Kulturen achten (N-Verluste bei der Verrottung des o. g. Materials).

Flächen bedecken: Gartenbeete möglichst nicht oder nur kurze Zeit im Jahr ohne Bewuchs liegen lassen, um Austrocknung des Bodens oder Auswaschen der Nährstoffe zu vermeiden, beides schadet auch den Mikroorganismen.

Mulchen: Freie Flächen in den Beeten, auf denen gerade keine Pflanzung angelegt ist, mit organischem Material mulchen, also abdecken mit z.B. Stroh oder Grasschnitt.

Umgraben ja oder nein: Entscheidung über das Graben oder Nicht-Graben je nach Bodenart und Bodenzustand. Je leichter und humoser ein Boden ist, umso eher kann auf das Umgraben verzichtet werden und stattdessen mit dem Grubber oder dem Sauzahn gearbeitet werden.

Störkörper entfernen: Bei der Bodenbearbeitung Steine, Fremdkörper, Baumwurzeln, Wurzelunkräuter entfernen, bei schweren Böden Termin beachten (nicht zu nass und nicht zu trocken).

Besondere Maßnahmen zur Bodenverbesserung

Problem	Abhilfe	Bemerkung
Sehr schwerer Boden	Sand und Kompost einarbeiten	Bessere Drainage bei Niederschlägen
Sehr leichter Boden	Kompost einarbeiten	Leichter Boden ist gut für Wurzelgemüse, Spargel
Bodenverdichtung	Tiefenlockerung mit Sauzahn oder großem Grubber	Verbesserung der Durchlüftung, Verhinderung von Staunässe
Winderosion in offener Lage	Sträucher und Bäume als Windschutz, Kompost einarbeiten, mulchen	Flächen besonders im Sommer nicht lange leer liegen lassen
Zu sauer	Kalken, basisch wirkenden Dünger einsetzen	Leichte Böden reagieren empfindlicher auf Maßnahmen zur Änderung des pH-Wertes; schwere Böden sprechen aufgrund ihrer höheren Pufferkapazität langsamer und nicht so nachhaltig darauf an – damit sind sie auch stabiler was ungewollte Einflüsse angeht
Zu basisch	Sauer wirkenden Dünger einsetzen	Siehe oben
Zu viel N	Reduzierte oder keine N-Düngung, Fruchtfolge beachten	Kein Anbau von sensiblen Arten (Salat, Ruccola, Spinat…)
Zu wenig N	Kompost einsetzen, mulchen, nach Bedarf düngen	
Nährstoffmangel (P, K, Mg, Ca)	Nährstoffe auf einen mittleren Bodengehalt aufdüngen	Düngung leicht über den Bedarf
Nährstoffüberschuss (P, K, Mg, Ca)	Düngung unter dem Bedarf oder aussetzen	Mittleren Gehalt im Boden anstreben

Kreislaufwirtschaft und Kompost

Die sogenannte Kreislaufwirtschaft ist ein wunderbares Prinzip, nicht nur für den Gemüsegärtner. Im Grundsatz funktioniert sie so: Vieles, was im Garten anfällt an organischer Masse, also an Blättern, Wurzeln, Rasenschnitt, kleinen Ästchen, Unkräutern etc., kann auf den Kompost. Am besten etwas zerkleinert, dann verrottet es schneller. Fleißige Bakterien, Pilze, Insekten, Asseln und Würmer verwandeln es in Erde. In gehaltvolle Erde. Die wiederum kommt dann an Ihre Gemüse im Beet und gibt an diese ihre Nährstoffe ab. Ihre Pflänzchen wachsen dadurch schneller und besser. So haben Sie etwas zu Ernten und dann auch allerlei Pflanzenabfälle übrig, die wieder auf den Kompost kommen. Damit ist der Kreis geschlossen.

Die Vorteile liegen auf der Hand. Sie müssen keinen Dünger einkaufen und wissen, dass nur Gutes an Ihr Gemüse kommt.

Auch Küchenabfälle können größtenteils übrigens auf den Kompost. Also das meiste, was sonst in die „braune Tonne“ gewandert wäre.

Nicht alles ist gut für den Kompost

Laub vom Walnussbaum und die Schalen der Nüsse sollten Sie vom Kompost fernhalten, da sie Gerbstoffe, sogenannte Tannine, enthalten. Das sind ätherische Öle, mit denen sich der Baum pflanzliche Konkurrenz vom Leib hält. Das ist gut für ihn, aber schlecht für alle anderen Pflanzen und auch schlecht für Ihren Kompost. Die Gerbstoffe verhindern die Verrottung und sorgen für ein saures Milieu. Also ab damit in die Restmüll- oder Biotonne.

Vorsicht auch beim Laub von Eiche und Buche, es enthält ebenfalls viele Gerbstoffe. Kastanie, Pappel und Birke sollten Sie nur wenig beimischen, da die Blätter sehr langsam verrotten.

Schalen von Südfrüchten aus Ihren Küchenabfällen können in kleineren Mengen toleriert werden. Fleisch und Fisch gehören nicht auf den Kompost, das zieht nur Ungeziefer an.

Geflügelkot z. B. von Hühnern hat sehr hohe Werte an Stickstoff (Ammoniak), Phosphor, Kalium und Kalzium. Er ist sehr scharf und sollte nur in mäßigen Mengen beigegeben werden. Dung und Einstreu von Kaninchen, Schaf, Ziege und Pferd können Sie wiederum gut kompostieren oder auch im Herbst direkt in den Boden einarbeiten.

Das müssen Sie sich jetzt aber nicht alles gleich merken, Sie können ja immer wieder im Buch nachschauen, wenn Sie sich nicht sicher sind. Martin Krumbein hat mir das alles über Jahre hinweg erklärt und erläutert, und er weiß noch viel mehr:

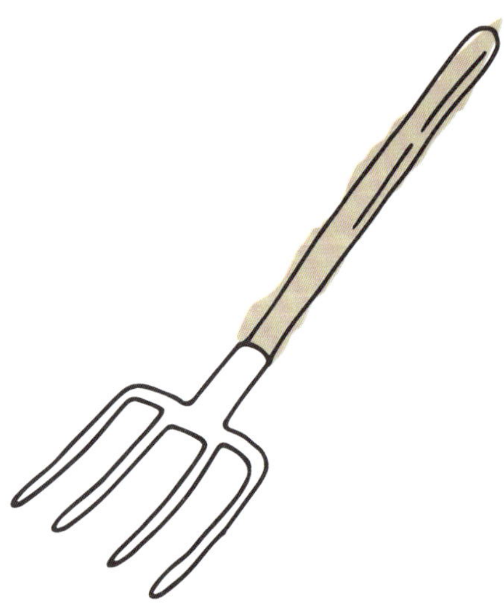

MEIN SELBSTGEBAUTER
DREIKAMMERKOMPOST.

Expertentipp

KOMPOST

Die Kompostierung von organischen Abfällen, die im Garten und in der Küche anfallen, ist aus gärtnerischer Sicht ein ganz einfaches und wertvolles Verfahren, um die in der organischen Masse gespeicherten Mineralien im Kreislauf von Wachsen und Vergehen zu nutzen. Pflanzt man im zweiten Jahr auf seinen Komposthaufen einen oder mehrere Kürbisse, können sowohl ein Teil der freiwerdenden Nährstoffe als auch die bei der Verrottung freiwerdende Energie in Form von Wärme gleich von den Pflanzen bei Wachsen und Fruchten genutzt werden.

Die Kompostierung besteht aus zwei Phasen:
Abbau- oder Rottephase: Die energiereiche organische Masse wird zersetzt, also von Käfern und anderen Kleintieren zerlegt. Anschließend wandeln weitere kleine und kleinste Organismen – vor allem Pilze – die Masse in energiearme Stoffe wie Wasser, Kohlendioxid und die verschiedenen Mineralstoffe um. Mikroorganismen wandeln dabei die in den energiereichen Stoffen gespeicherte chemische Energie in Wärmeenergie um. Diese nutzen sie für ihren eigenen Stoffwechsel bzw. setzen sie frei.

Aufbauphase: Bakterien zerlegen die Pilze und desinfizieren den Kompost, danach besiedeln ihn Kompostwürmer, Asseln, Springschwänze, Milben und Regenwürmer. Hier werden die zerlegten Bestandteile noch einmal durchgearbeitet, verdaut und die Humusteilchen zu Huminstoffen umgewandelt und mit Kalk- und Tonteilchen verbunden. Hierfür kann eine Zugabe von Kalk oder Gesteinsmehl hilfreich sein. In den Ton-Humus-Verbindungen sind die Nährstoffe viel stabiler aufgehoben, als sie das aufgelöst in Ionenform sind. Traditionell erfolgt die Kompostierung als Haufen, der zwei- bis dreimal umgesetzt wird. Heute findet man alternativ dazu Holzboxen mit zwei oder drei Kammern oder „Komposter", das sind Boxen aus Kunststoff. Bei der Kompostierung in drei Kammern sammelt man in der ersten Box die Grünabfälle des laufenden Jahres, in ihrem Inneren beginnt dabei bereits die Rotte. In der zweiten Box verrottet das Material des Vorjahres fertig und der Humusaufbau startet, in der dritten Box befindet sich die fertige reife Komposterde. Diese kann im Herbst oder im folgenden Frühjahr auf die Beete verteilt und eingearbeitet werden.

Kompostplatz: Der Kompostplatz liegt meist am Rand des Gartens, wo er aber von den Beetflächen und gegebenenfalls auch vom Haus aus gut zu erreichen ist. Der Untergrund bleibt offen, sodass Regenwürmer und anderes Kleingetier ungehinderten Zugang haben. Günstig ist für die Kompostierung ein halbschattiger Platz, weil es dort immer etwas feuchter ist und der Kompost nicht völlig austrocknen sollte. Ein Gießen des Kompostes ist normalerweise nicht notwendig, weil ihm mit dem meisten organischen Material, wie Grasschnitt, Erntereste und dergleichen, auch etwas Wasser zugeführt wird. Trocknet das Material jedoch komplett aus, kommt die Rotte zum Erliegen. Dann sollte das Material befeuchtet werden.

Größe: Die Größe des Kompostes wird von der Menge des anfallenden Materials bestimmt. Zudem sollte die Menge der fertigen Komposterde auf den dafür geeigneten Flächen (Gemüse-, Erdbeer- und Blumenbeete, Staudenrabatten, Hochbeete sowie Baumscheiben von Obstbäumen und Beerensträuchern) unterzubringen sein. Gut zu handhaben sind Boxen von 1,5 m bis 2 m Kantenlänge, da hat man dann auch genug Platz, um den Kompost zu sieben und für den Abtransport in eine Schubkarre zu füllen.

Aufbau: Wird eine leere Box wieder von neuem gefüllt, bringt man als unterste Schicht etwas grobes Material wie Baum- oder Strauchschnitt ein. Das verbessert die Durchlüftung, Regenwasser kann gut abfließen und es kommt nicht zur unerwünschten Fäulnis von zu dicht gelagertem nassen Material. Um die Rotte schneller in Gang zu bringen, kann man in das frisch aufgeschichtete organische Material einige Schaufeln Gartenerde oder fertige Komposterde geben. Es gibt eine ganze Reihe von Zusatzmitteln, die für eine Verbesserung der Kompostierung empfohlen werden, wie Kompoststarter, Beschleuniger, Düngemittel, Kalk, Gesteinsmehle, Tonmehl, Bakterienpräparate, Kompostwürmer, etc. Wenn die grundlegenden Prinzipien der Kompostierung eingehalten werden, insbesondere die gute Durchmischung der verschiedenen Materialien, sind diese Präparate an sich nicht notwendig. Und: Grobe Fehler beim Kompostieren können solche Mittel nicht beheben.

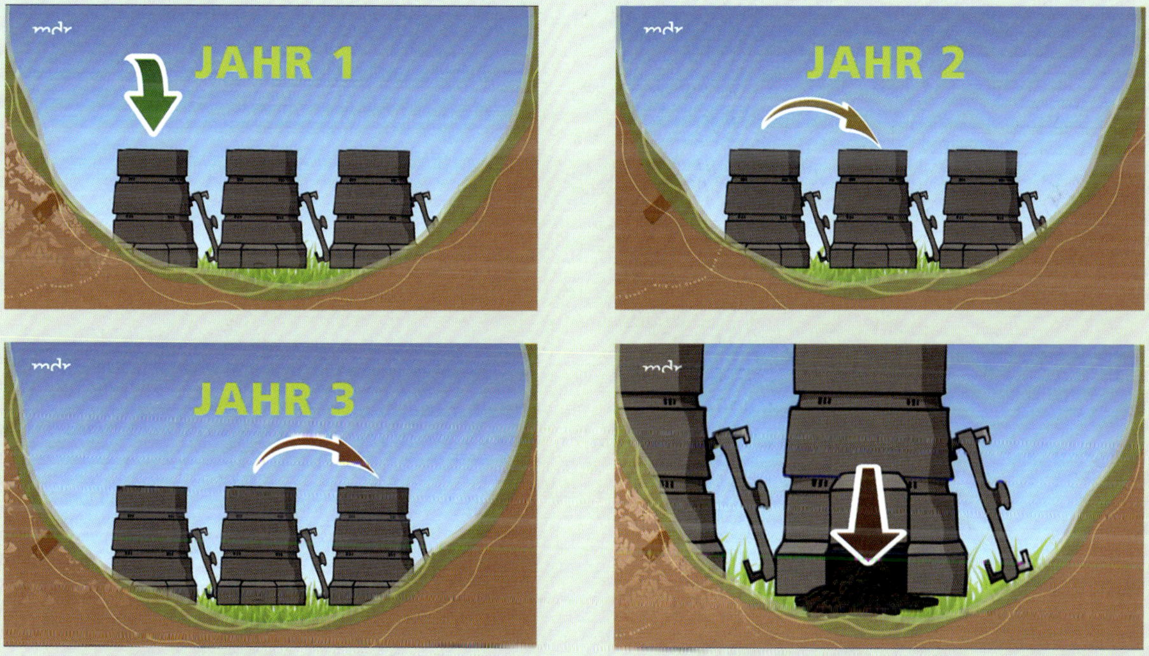

Kompostierung mit drei Kammern

Anschaffungen

„Gut Werkzeug, halb Arbeit." Das ist ein beliebter Spruch bei Handwerkern, gerne auch mal in Stein gemeißelt am Eingang zur Werkstatt. Und ein Spruch, an dem sehr viel Wahres ist. Jede Arbeit wird sehr schnell unnötig mühevoll und frustrierend, wenn man am falschen Fleck gespart hat. Wem einmal der billige Spaten durchgebrochen, die Hacke auseinandergefallen und die Pflanzschaufel umgeknickt ist, der weiß stabiles, gut gearbeitetes Werkzeug zu schätzen. Sie müssen sich deswegen nicht gleich die handgeschmiedete Edelausführung für 100 € leisten. Hier ein paar Tipps, was Sie für den Start wirklich brauchen und worauf Sie beim Kauf achten müssen.

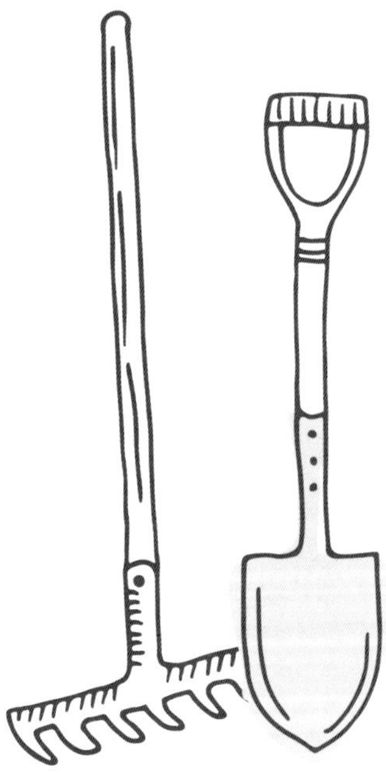

VON DER HARKE BIS ZUM SPATEN: DIESE GROSSEN GARTENWERKZEUGE SIND UNVERZICHTBAR.

Werkzeuge

Der Spaten

Einen Spaten brauchen Sie zum Umgraben, zum Zerkleinern von Erde, aber auch bei der Ernte ist er von Nutzen. Wenn Sie in den Gartenmarkt gehen, sehen Sie dort eine reichhaltige Auswahl an Spaten. Welche mit geradem Stiel aus Holz, mit gekrümmtem aus Kunststoff, mit verlängerbarem Stiel, mit gerader Klinge, mit runder, mit spitzer…
Alles hat sicher seine Berechtigung bei speziellen Einsätzen, doch wir sind auf der Suche nach einem Universalwerkzeug, das Ihnen bei möglichst vielen Tätigkeiten nützlich ist.

So sieht ein guter Spaten für den Anfang aus.

Die Schaufel

Die Schaufel brauchen Sie, um Erde und Kompost zu schaufeln. Nehmen Sie eine Schaufel mit rundem Blatt, nicht mit geradem. Mit dem runden Blatt können Sie besser in Haufen etc. einstechen. Die mit geradem Blatt dringt nicht richtig ein, die ist bei den Bauarbeitern besser aufgehoben.

Die Grabegabel

Grabegabeln gibt es mit flachen Zinken und dünnen Zinken. Nehmen Sie eine mit flachen Zinken. Die hat auch noch ein bisschen Schaufeleigenschaft und hilft Ihnen besser beim Umgraben, Boden belüften und beim Ernten. Kaufen Sie möglichst keine Einsteckware mit Holzstiel. Die Verbindung zwischen Stiel und Werkzeug wird schnell locker, wenn der Stiel austrocknet und schwindet.

Investieren Sie lieber direkt in eine ordentliche Grabegabel (links). An billiger Einsteckware mit Holzstiel (unten) hat man wenig Freude.

Die Hacke

Die Hacke hilft Ihnen beim Boden lockern und beim Furchenziehen für die Saat und Pflanzung. Sie können dann je nach Arbeitsgang wählen, wo Sie die Hacke am Stiel anfassen. Für einige Arbeiten ist es bequemer, die Hacke kürzer zu fassen, manchmal allerdings brauchen Sie einen langen Stiel, um gut und schnell bis in die letzte Ecke zu kommen.

Der Sauzahn

So wie der Grubber ist der Sauzahn ebenfalls ein gutes Werkzeug zum Bodenlockern. Man versucht im Gemüsegarten möglichst wenig umzugraben, damit die Bodenschichten nicht unnötig durcheinanderkommen. Mit dem Sauzahn kann man allerdings nur arbeiten, wenn der Boden an sich schon recht locker ist, sonst bleibt man ständig hängen und hat wenig Freude daran. Bei mir funktioniert das nur in dem Teil der Beete, die ich schon jahrelang mit Kompost aufgebessert habe.

Der Grubber

Das ist ein schönes Werkzeug zum Bodenlockern. Funktioniert aber auch nur, wenn Sie ohnehin schon einen recht lockeren Boden haben. Bei meinem schweren Boden komme ich damit bei den meisten Beeten leider kaum durch.

Der Rechen bzw. die Harke

Manch einer nennt dieses Werkzeug „Harke“. Manch einer kennt es unter dem Namen „Rechen“. Es ist aber beides dasselbe. Wie bei der Hacke ist hier ein langer Stiel von Vorteil. Wählen Sie den Rechen nicht zu breit. Dann wird er schnell unhandlich und Sie bleiben überall hängen. Aber auch nicht zu schmal, sonst dauert jeder Arbeitsgang eine gefühlte Ewigkeit. Für unsere Belange sind etwa 40 cm Breite mit 15 Zinken ideal.

Der Rechen ist ein unerlässliches Werkzeug für die Beetbearbeitung. Bevor Sie pflanzen, gehen Sie mit dem Rechen über den gehackten, gelockerten Boden und glätten diesen gleichmäßig. Denn es gilt: **„Ein Beet muss glatt sein wie ein Tisch“,** das hat mir einst Martin Krumbein erklärt. Bodendellen und Hügel bringen den Pflanzen unterschiedliche Wachstumsbedingungen, obwohl sie direkt nebeneinander im Beet stehen. Die einen auf einem Hügel, die anderen im Tal. Die einen bekommen weniger Feuchtigkeit, die anderen mehr. **Alle sitzen aber im selben Beet, somit sollen alle die gleichen Startbedingungen bekommen.**

Die Pflanzschaufel

Unerlässlich zum Einpflanzen. Klein, handlich und stabil soll sie sein. Möglichst nicht mit Plastikgriff, der bricht irgendwann ab, weil viele Kunststoffe unter Sonneneinstrahlung mit der Zeit brüchig werden.

Der Unkrautstecher

Dank der langen und spitzen Form ein wunderbares Werkzeug, um tief wurzelnde Unkräuter wie Löwenzahn zu entfernen und damit eine Weile für Ruhe im Beet zu sorgen.

Die kleine Hand-Hacke

Sie werden bei der Gartenarbeit oft auf die Knie gehen. In dieser Position lässt sich gut mit der Handhacke arbeiten, die vorne eine Hacke und hinten eine Gabel hat.

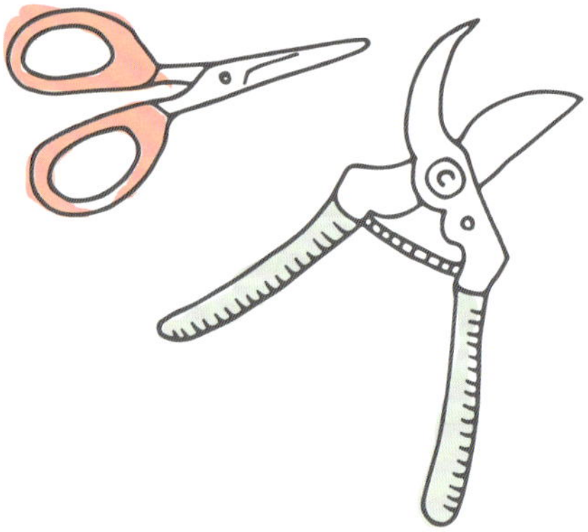

Die Schere

Hier genügt eine normale Haushaltsschere. Für die Ernte von Kräutern und Blättchen. Aber auch für alle anderen anfallenden Arbeiten, wie etwa Schnüre schneiden oder Säcke öffnen.

Die Heckenschere

Für den Anfang tut es auf jeden Fall eine mechanische, die Sie per Hand bedienen können. Sie muss stabil sein, damit sich die Klingen nicht beim Schnitt verbiegen.

Die Gartenschere

Ganz wichtig, wenn Sie mal schnell einen Strunk oder einen Trieb abschneiden wollen. Für stärkere Äste ist es angenehm, wenn die Gartenschere bzw. Baumschere eine Ratschenmechanik hat. Dann schneiden Sie mit wenig Kraft und schonen Ihre Hände. Wenn Sie auch noch Ihre Nerven schonen wollen, kaufen Sie eine mit roten Griffen. Die finden Sie besser wieder im grünen Garten, wenn Sie sie im Eifer des Gefechtes mal irgendwo liegen gelassen haben.

Die Astschere

Sparen Sie nicht bei der Astschere. Die billigen verdrehen nach kurzer Zeit die Griffe und man klemmt sich die Finger ein. Das kann richtig weh tun.

Die Frischholzsäge

Eine klappbare japanische Frischholzsäge kann man leicht mit sich herumtragen, sie passt in einen Werkzeug-Eimer oder sogar in eine seitliche Hosentasche. Die Doppelzahnstruktur macht das Sägen leicht. Achtung beim Gebrauch: Diese Sägen funktionieren alle auf Zug, das heißt, sie sägen nur in dem Moment, wenn Sie daran ziehen. Kluge Sägen-Designer haben sich das ausgedacht. Wenn Sie es mal ausprobiert haben, wollen Sie Ihr Frischholz gar nicht mehr anders sägen. Das Sägen auf Zug verspricht einen besonders sauberen Schnitt. So werden die Wundflächen minimiert und alles kann besser verheilen. Je länger eine Wunde braucht bis sie sich wieder geschlossen hat, desto größer ist die Gefahr, dass Pilze und Bakterien sich dort breit machen.

Gute Qualität erkennen Sie an den etwas dunkleren Sägezähnen. Das ist ein Zeichen dafür, dass sie gehärtet wurden und so länger durchhalten und scharf bleiben.

Zubehör

Die Eimer

Eimer kann man kaum genug haben. Spezielle 10-l-Garteneimer sind besser als Bau-Eimer, in denen Beton und Mörtel angerührt wird. Diese riechen oft ganz fürchterlich nach Weichmachern. Da wollen Sie Ihr Gemüse nicht reinlegen. Auch nicht Ihren künftigen Kompost oder irgendetwas anderes.

Die Schubkarre

Sehr hilfreich sind Schubkarren mit Voll-PU-Rädern, aus denen nicht ständig die Luft rausgeht. Jeder Stachel einer Brombeere macht Ihnen sonst Ärger. Und Schubkarrenräder flicken ist nicht schön. Noch schlimmer als Fahrradschläuche zu reparieren!

Die Handschuhe

Sie brauchen verschiedene Handschuhe. Feine dünne fürs Pflanzen, Unkraut jäten, Tomaten ausgeizen. Grobe Handschuhe nehmen Sie nur für die groben Arbeiten, wo das Gefühl in den Fingerspitzen nicht so wichtig ist und mehr der Schutz der ganzen Hand im Vordergrund steht.

Das Unkrautvlies

Sehr hilfreich, wenn Sie ein Beet geleert oder neu angelegt haben. Legen Sie Unkrautvlies drauf und fixieren es mit ein paar Steinen, so verhindern Sie, dass sich Samenunkräuter darauf niederlassen. In einem Garten sollte es möglichst keine unbedeckte Erde geben. Sie können auch Pappe nehmen – aber wer hat schon so viel Pappe übrig?

EIN LUSTIGER SPRUCH AUF EINEM GARTENEIMER VERSÜSST DIE ARBEIT.

Schnellkomposter, daneben steht mein Brennnesseljauche-Eimer.

Feste Einrichtungen

Der Komposter

Sobald Sie im Garten arbeiten, fällt Pflanzen-Material an. Statt dieses in die meist knapp bemessene Biotonne zu quetschen, packen Sie es lieber auf den Kompost. Entweder bauen Sie sich selbst eine Umrahmung für Ihren Kompost oder Sie kaufen sich einen Schnellkomposter aus Kunststoff. Der braucht wenig Platz, ist aber auch erstaunlich schnell voll. Wie man selbst einen Kompost anlegt und pflegt, lesen Sie auf den Seiten 46 ff.

Das Gerätehaus habe ich vom Vorgänger übernommen.

Das Gerätehaus

Nun brauchen all die Werkzeuge natürlich auch ein Zuhause. Sie können alles in den Keller schleppen, oder Sie gönnen sich ein Gerätehaus. Welche aus Blech gibt's schon für kleines Geld. Da kann man wenig falsch machen. Schauen Sie, dass nirgends scharfe Kanten sind, wo Sie sich wehtun können, dass Sie gut reinkönnen, ohne anzustoßen, und dass alles reinpasst. Möglichst auch die Schubkarre und der Rasenmäher. Gut ist es, wenn Sie die Werkzeuge an den Wänden platzieren können. Dann haben Sie alles übersichtlich und griffbereit, wenn Sie in das Gerätehaus reinkommen. Haken sollten einfach installierbar sein.

Hier bewahre ich meine Maschinen auf.

3.

Genug gedacht!

Jetzt wird gemacht.

Das erste Gartenjahr

Aller Anfang ist schwer. Ist aller Anfang schwer? Nein! Sie sind ja schon mittendrin!
Sie haben sich entschieden, wie groß Ihr Beet sein soll, welche Form es haben und an welchem Platz es sein soll. Sie haben Werkzeug besorgt, umgegraben und gejätet und gehackt. Sie haben die Erde untersucht und bei der Arbeit mit ihr ein Gefühl dafür entwickelt, wie sie am besten bearbeitet wird.

Was zuerst anbauen? Was wohin?

Die beste Jahreszeit für den Beginn

Die günstigste Jahreszeit zum Start einer Gemüsepflanzung ist sicherlich das Frühjahr. Die Erde ist noch feucht vom Winter, die Tage werden länger und wärmer und Sie haben die größte Auswahl an jungen Setzlingen im Pflanzenmarkt.
Sie können natürlich auch im Sommer, Herbst oder Winter anfangen zu gärtnern, aber Sie schaffen sich unnötige Hürden in der Pflanzenpflege:
Im Sommer ist es heiß und Sie müssen ständig hinterher sein, dass Ihnen die frisch gepflanzten Setzlinge nicht gleich wieder eingehen.
Im Herbst können Sie fast keine Jungpflanzen mehr kaufen und es wird schon wieder zu kühl. Damit Gemüsepflanzen gut anwachsen und gedeihen, brauchen sie genügend Tageslicht. Mindestens 10 Stunden sollten es schon sein. Außerdem brauchen Ihre Pflänzchen eine Mindesttemperatur von 8 °C in der Luft und 5 °C im Boden. Bei tieferen Temperaturen können sie zwar überleben, aber es tut sich nichts, es findet kein Wachstum statt.
Vielleicht können Sie es nicht abwarten und sagen sich: „Das nächste Frühjahr ist noch so weit weg, ich fange jetzt im Herbst zu gärtnern an und pflanze einfach Wintergemüse, das wird schon passen.“
Theoretisch können Sie das machen, allerdings werden Sie nur wenig zu ernten haben, weil die Zeit für den Zuwachs nicht reicht. Denn Wintergemüse müssen Sie schon im späten Frühjahr bzw. Frühsommer setzen, damit Sie im Winter dann auch etwas Ordentliches im Beet stehen haben. Deshalb planen Sie am besten so, dass Sie im zeitigen Frühjahr bzw. ausklingenden Winter pflanzbereit sind.

Los geht's.

Jungpflanzen für mein Beet.

Die erste Pflanzung

Was pflanzen Sie als erstes an? Wie wählen Sie die richtigen Pflanzen aus? Ganz einfach: Indem Sie in Ihren Kühlschrank schauen! Was liegt da drin? Was essen Sie gerne an Gemüse? Kartoffeln, Salat, Rote Bete, Mais, Spinat, Karotten, Radieschen, Kohl, Tomaten, Physalis, Artischocken, Süßkartoffeln…? Nun gehen Sie am besten so vor:

1. Schreiben Sie sich eine Liste, welches Gemüse Sie oder Ihre Familienmitglieder gerne essen.
2. Schauen Sie, was Sie für Saatgut oder Jungpflanzen bekommen können.
3. Dann prüfen Sie, ob diese Pflanzen eine Chance haben, bei Ihnen zu wachsen.
4. Anschließend überlegen Sie, wieviel Sie von was wann und wo anbauen wollen und können und machen einen Pflanzplan.

In meinem klumpigen Boden empfiehlt es sich, immer eine Schaufel Pflanzerde in das Pflanzloch zu geben. Das erleichtert den Setzlingen den Start.

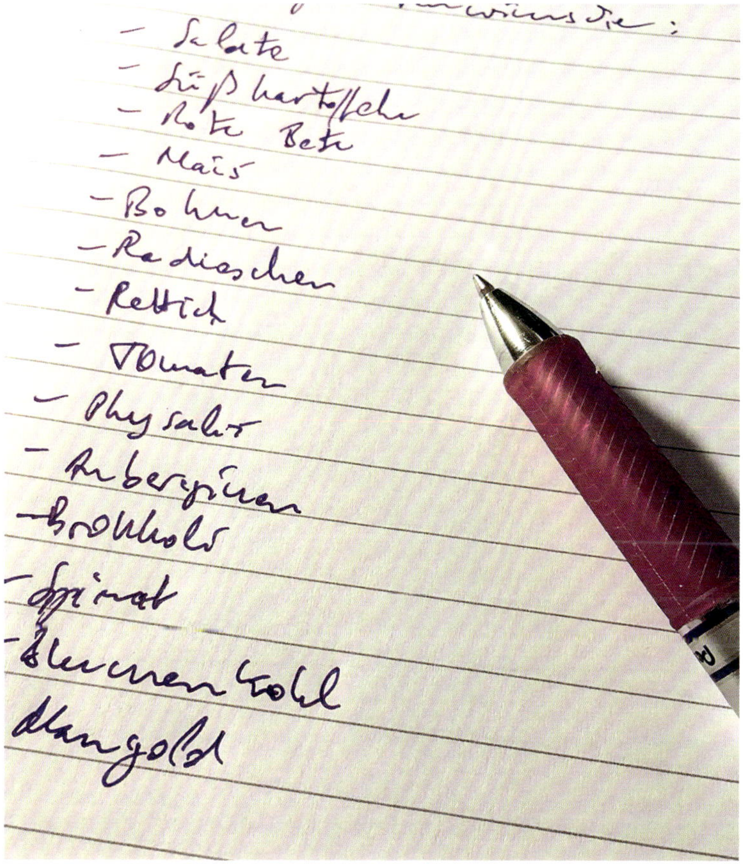

Liste mit meinen Pflanzenwünschen.

Wenn im Pflanzenmarkt Setzlinge angeboten werden, dürfen Sie im Großen und Ganzen davon ausgehen, dass für diese jetzt die richtige Pflanzzeit ist. Mit ein paar Kälte-Schutzmaßnahmen können Sie einiges bereits im März/April pflanzen, obwohl die Temperatur bis Mitte Mai immer mal wieder leicht unter den Gefrierpunkt fallen kann.

Schauen Sie vor dem Großeinkauf aber noch einmal in Martin Krumbeins Pflanz- und Aussaattabelle auf der folgenden Seite. Nicht, dass Sie vor lauter Begeisterung im Februar schon Tomaten ins Freiland pflanzen wollen, nur weil die gerade im Angebot sind. Einige Setzlinge sind zudem für Gärtner gedacht, die einen Besatz für ihr geheiztes Gewächshaus suchen.

Expertentipp

Saat und Pflanzung

Gemüsearten gibt es in einer sehr großen Anzahl. Entsprechend ihrer unterschiedlichen Temperaturansprüche und Entwicklungszeiten teilt diese Tabelle die wichtigsten Gemüsearten grob in fünf Gruppen ein. Wenn sowohl eine Saat als auch eine Pflanzung möglich ist, sind sie in beiden Spalten aufgeführt.

Gruppe	Gemüsearten		Bemerkungen
	Saat	Pflanzung	
Aussaat oder Pflanzung ab März bis Juli/August ins Freiland	Erbse (nur früh), Kohlrübe, Puffbohne, Radicchio, Radies, Rettich, Rucola, Salate, Speiserüben, Spinat	Blumenkohl, Brokkoli, Kohlrabi, Rettich, Salate	Bei Bedarf mit Frostschutz, wegen der kurzen Vegetationszeit sind mehrere Sätze möglich
Aussaat oder Pflanzung ab März bis Mai ins Freiland	Möhre, Pastinake, Petersilie, Porree, Rote Bete, Schnittlauch, Schwarzwurzel, Zwiebel	Knoblauch, Mangold, Meerrettich, Petersilie, Porree, Rosenkohl, Schnittlauch, Weiß- und Rotkohl, Wirsing, Zwiebel	Lange Vegetationszeit, nur ein Satz möglich
Aussaat oder Pflanzung ab Mai ins Freiland (kälteempfindlich)	Buschbohne, Einlegegurke, Portulak, Stangenbohnen, Zuckermais	Andenbeere, Artischocke, Aubergine, Batate, Einlegegurke, Fenchel, Gurke, Kürbis, Melone, Paprika, Sellerie, Tomate, Zuckermais	Fruchtgemüse oft mit Mulchfolie und Vliesschutz
Aussaat oder Pflanzung im Juni bis August für den Herbstanbau	Feldsalat, Herbstrüben, Spinat	Chinakohl, Endivien, Grünkohl, Pak Choi	
Ausdauernde Gemüsearten		Rhabarber, Spargel	8-10 Jahre üblich

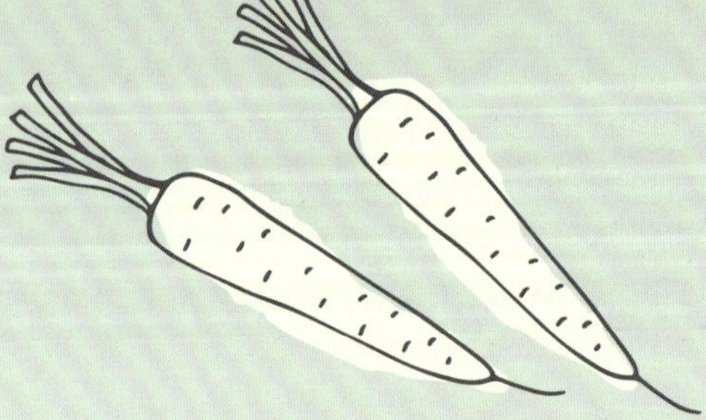

Manche Gemüsearten könnte man zwar fast das ganze Jahr über anbauen. Oft allerdings bevorzugt man die Zeiträume, in denen dieses Gemüse besonders gern gegessen wird und in denen bestimmte Risiken beim Anbau geringer sind, wie etwa die Gefahr des Schossens bei Kälte im Frühjahr oder bei Hitze im Sommer bei Radies, Rettich oder Salaten. Der Anbau von Blumenkohl oder Brokkoli ist im Hochsommer durch Hitze und den Befall von Schaderregern häufig nicht erfolgreich.

Ein Beispiel: Wenn Sie also Salat pflanzen oder säen wollen, geht das von März bis August. Dann können Sie von April bis September ernten und im Gewächshaus sogar noch bis Februar. Falls Sie dort über eine Heizmöglichkeit verfügen, um die Temperaturen über Null zu halten. Das gilt für unseren Breitengrad, wobei es natürlicherweise auch Unterschiede zwischen Norddeutschland und Süddeutschland gibt, ebenso zwischen Tiefebenen und Hochland. Aber der Blick auf die Wetterlage und das Thermometer gehört sowieso immer dazu.

Lang und kurz

Für Ihr erstes Gartenjahr würde ich Ihnen empfehlen, dass Sie darauf achten, in Ihrem Beet sowohl Gemüse mit langer als auch mit kurzer Vegetationszeit anzubauen. Aus dem Gärtnerdeutsch übersetzt heißt das: Sie sollten zum einen Gemüse anbauen, die wenig Zeit bis zur Erntereife benötigen, wie Salate oder Radieschen. Zum anderen sollten Sie auch Gemüse anbauen, die länger benötigen, wie Rote Bete oder Kartoffeln.

Bei Gemüse, das zum Lagern oder Einwecken gedacht ist, wie Bohnen, Zwiebeln, Möhren oder Kartoffeln, bietet es sich an, dass Sie den ganzen Satz auf einmal ins Beet bringen. Dann wird alles mehr oder weniger gleichzeitig reif und Sie können auf einen Schlag die ganze Ernte einlagern, einwecken oder trocknen. Das spart Ihnen Arbeitszeit.

Bei den Arten, die man frisch verzehrt und von denen man täglich nur ein Stück schafft zu essen, wie etwa Kopfsalate, Kohlrabi oder Brokkoli, sollten Sie aber zeitlich gestaffelt pflanzen. Sonst geht es Ihnen wie mir.

Kopfsalat für alle?

Als ich in meiner Anfangszeit als Hobbygemüsegärtner vor lauter Garten-Begeisterung zwei Dutzend Kopfsalat-Setzlinge auf einmal kaufte, hat mich Herr Krumbein gefragt, wann ich denn diese alle essen möchte oder ob ich mit meiner Nachbarschaft ein Kopfsalatfest feiern will. Denn wenn ich viel von derselben Art gleichzeitig pflanze, wird natürlich auch viel zur selben Zeit erntereif. In meinem Fall hätten also 24 Kopfsalate gleichzeitig gegessen werden wollen. Selbst wenn ich jeden Tag einen Salat essen würde, bräuchte ich fast einen Monat – und in dieser Zeit würden die restlichen Salate im Beet anfangen zu schießen, also Blüten zu treiben. Dann geht die Kraft in die Blüte und die ehemals zarten Salatblättchen werden hart, bitter und ungenießbar.

Geschossener Kopfsalat – leider nicht mehr genießbar.

Tricksen erlaubt

Wenn Sie trotz Planung doch einmal zu viel von einer Art gekauft haben, können Sie ein wenig tricksen, um dem drohenden Ernteüberfluss entgegenzuwirken.
Ich pflanze zum Beispiel von einer Setzlings-Palette immer gerne ein paar Salate in mein Hochbeet und ein paar an verschiedenen Stellen ins Gemüsebeet. Im Hochbeet haben die Pflanzen die besten Bedingungen und werden zuallererst reif. Danach kommen die Salate, die im Gemüsebeet in der Sonne stehen und zuletzt die, die im Beet im Halbschatten aufwachsen müssen. So habe ich auch eine Erntezeit-Staffelung erreicht.

Um die Erntezeit zu strecken, können Sie zudem darauf achten, dass Sie Gemüse pflanzen, das Sie folgernd ernten können. Wie das geht und bei welchen Pflanzen das funktioniert, kann Martin Krumbein am besten erklären (siehe Expertentipp rechts).

Ein guter Plan

Wenn Sie eine Auswahl getroffen haben, was Sie gerne in Ihrem Garten hätten, dann machen Sie sich einen Plan, wo Sie wann was hinsetzen wollen. Dafür müssen Sie wissen:

- **Vegetationszeit:** Wie lange brauchen die Pflanzen bis zur Erntereife?
- **Erntezeit:** Wie lange können Sie die Pflanze beernten?
- **Standzeit:** Wie lange besetzen die Pflanzen Ihr Beet?
- **Standortbedingungen:** Wo fühlt sich Ihre Pflanze wohl?

Expertentipp

Folgernde Ernte

Was ist eine folgernde Ernte? Es gibt Gemüsearten, bei denen wird zur Ernte die ganze Pflanze entfernt, wie beim Wurzelgemüse oder bei Zwiebeln, Erbsen, Bohnen, Kopfsalat, Kohlrabi, Blumenkohl, Kopfkohl, Chinakohl und auch die Kürbisse und Bataten im Herbst. Hier wird man entweder alles gleichzeitig oder etwas gestreckt ernten und das Gemüse frisch verzehren, lagern oder verarbeiten. Auf jeden Fall ist nach der Ernte das ganze Beet geräumt.

Mehrmals ernten

Nun gibt es aber auch viele Gemüsearten, von denen wir nur bestimmte Teile ernten, wie Blätter, Sprosse oder Früchte. Dabei bleiben die Pflanzen intakt, wachsen weiter und bilden neue Blätter, Sprosse oder Früchte. **Wenn die Ernteprodukte sozusagen immer wieder nachwachsen, dann sprechen wir von einer „folgernden" Ernte.** Beim Fruchtgemüse ist das am einfachsten zu erkennen. Wir können von denselben Pflanzen, wenn sie gesund bleiben, viele Wochen lang Tomaten, Paprika, Gurken oder Zucchini ernten. Beim Spargel können zur Erntezeit alle zwei Tage die frischen Stangen (Sprosse) gestochen werden. Und so ähnlich ist das auch bei manchem Blattgemüse. Es gibt Salate, da muss man nicht die ganze Pflanze auf einmal ernten, sondern pflückt nur die großen ausgewachsenen Blätter. Dazu gehören die sogenannten Blatt- oder Pflücksalate (Lollo, Eichblatt, Batavia) oder auch Mangold, Sauerampfer, Rucola, Schnittlauch, Petersilie u. a..

Fazit:

Auch die Art der Ernte kann beim Gemüse recht unterschiedlich sein. Und dies kommt manchmal sogar bei eng miteinander verwandten Arten vor.

Ein Beispiel: Die meisten Kürbisse erntet man im Herbst, wenn sie ausgewachsen und reif sind. Bei der Zucchini, die auch zu den Kürbissen gehört, erntet man jedoch fast jede Woche die neu gewachsenen jungen, noch unreifen Früchte.
Bei den Salaten ist es ebenfalls unterschiedlich. Da gibt es Arten mit festen Köpfen, wie Eissalat, Kopfsalat, Romanasalat und Radicchio, die muss man im Ganzen schneiden. Und es gibt kleine Salatpflanzen, wie Feldsalat oder Spinat, da lohnt es sich nicht, nur einzelne Blätter zu pflücken, deshalb werden auch diese immer als ganze Pflanze geerntet. Dagegen können die weiter oben schon genannten Blatt- oder Pflücksalate, die keine festen Köpfe bilden, und auch solche Arten wie Rucola, Mangold oder Sauerampfer sehr gut folgernd geerntet werden. Das ist nebenbei ein gutes Beispiel für mehr Nachhaltigkeit im Gemüsegarten: Einmal Pflanzen – mehrmals Ernten!

Bewahren Sie Ruhe, probieren Sie alles aus, was Sie möchten und lernen Sie dabei.

Machen Sie jetzt aber keine Wissenschaft aus der ganzen Sache! Erst einmal geht es ja schließlich um ein Hobby. Ich habe auch einfach angefangen und geguckt was passiert. Letzten Endes ist es nicht weiter schlimm, wenn mal etwas nicht gelingt, es hängt ja nicht Ihr Leben davon ab. Denn gerade aus Fehlern kann man viel Erkenntnis ziehen und letztlich lernt man am besten durchs Tun und nicht durch die Theorie. Und falls es Ihr Ziel ist, irgendwann komplett zum Selbstversorger zu werden, können Sie sich ja nach und nach perfektionieren.

Zwei Zitate von Martin Krumbein klingen mir dazu noch im Ohr:

„DER GÄRTNER BRAUCHT GEDULD."

und

„HERR HEISS! GEMÜSEGÄRTNER WIRD MAN NICHT AN EINEM TAG!"

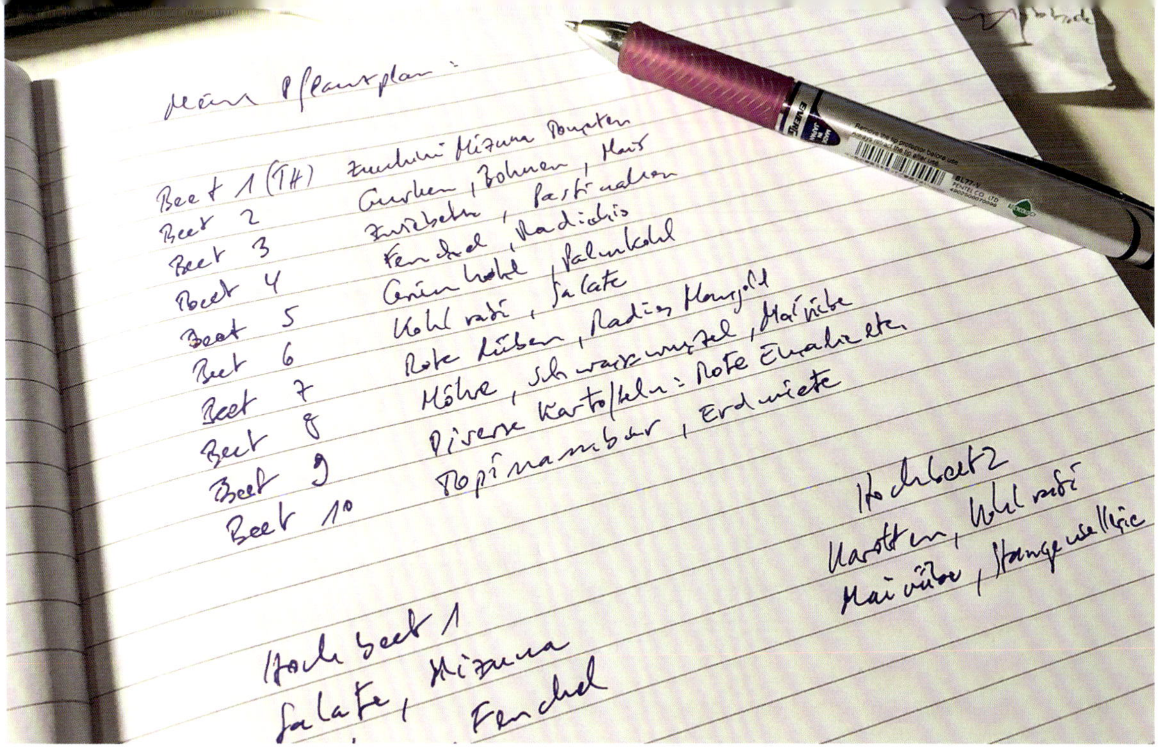

Mein Pflanzplan ändert sich jedes Jahr, aber hier mal ein Beispiel.

Mit der Natur gärtnern

Stellen Sie sich vor, Sie hätten zwei Kinder. Eines ist kreativ, lebendig, kommunikativ und immer unterwegs. Das andere ist zurückgezogen, still, nachdenklich und werkelt gerne allein vor sich hin. Was würde passieren, wenn Sie das kreative Kind, das kaum still sitzen kann vor lauter Ideen, nun in eine Ausbildung zum Buchhalter geben würden? Und das stille Kind geben Sie in eine Werbeagentur?

Ganz klar, werden Sie vermutlich sagen, das wird wohl nix mit den beiden. Die werden sich nicht wohlfühlen, letztlich in ihren Jobs nie glücklich werden und verkümmern. Genauso verhält es sich mit den Pflanzen. Sie als Gärtner müssen ihnen die Rahmenbedingungen schaffen, die sie brauchen, damit sie sich entwickeln können. Pflanzen, die durchlässigen Boden brauchen, wie etwa Möhren, Pastinaken oder Schwarzwurzeln, werden sich im lehmigen Schluff nicht wohlfühlen, ihre Wurzeln werden verkümmern. Eine Pflanze, die viel Sonne und Wärme braucht, wie etwa die Aubergine, wird im Halbschatten nur vor sich hin mickern. Haben Sie ein Beet gerade ordentlich aufgewertet mit Mist und Dünger und pflanzen darauf als erstes Salat, wird der Salat nicht so werden, wie Sie ihn haben wollen. Denn Salat ist ein sogenannter Schwachzehrer, er will also gar nicht so viele Nährstoffe, wie ihm in dem Beet aufgedrängt werden. Er wird wahrscheinlich krank und seine zarten Wurzeln verbrennen in dem Überangebot.

Sie können durchaus versuchen, gegen die Natur zu gärtnern, aber Sie werden viel Arbeit und wenig Erfolg haben. Die Natur ist immer stärker.

Das habe ich recht schnell gelernt in meinen ersten Hobbygärtnerjahren. Also versuche ich es meinen Pflanzen so schön wie möglich zu machen, solange sie bei mir sind.

Die grundsätzlichen Fragen dabei sind:

- **Brauchen sie Sonne oder Halbschatten?**
- **Benötigen sie viel Feuchtigkeit oder weniger?**
- **Welche Nährstoffe brauchen die Pflanzen und wann?**

Und jetzt noch eine kleine Geschichte. Herr Müller, 42 Jahre alt, Junggeselle, kauft sich ein Haus. Nebendran wohnt Herr Maier, 72, Rentner. Die beiden Häuser stehen direkt nebeneinander. Herr Müller macht den ganzen Tag Party. Und die ganze Nacht. Herr Maier will einfach seine Ruhe. Was denken Sie? Wird einer der beiden glücklich? Natürlich nicht. Die machen sich das Leben zur Hölle. So ähnlich ist es auch bei den Pflanzen. Manche wollen einfach nicht nebeneinanderstehen. Die vertragen sich nicht. Nehmen sich gegenseitig die Nährstoffe weg oder schieben sich Krankheiten zu. Also achtet der erfahrene Gärtner auch darauf, was mit wem im Beet stehen soll und was besser nicht.

AUF GUTE NACHBARSCHAFT: SALAT UND KOHLRABI VERTRAGEN SICH BESTENS IN MEINEM BEET.

Expertentipp

Gute Nachbarn und schlechte Nachbarn

In praktisch jedem Buch über den biologischen Anbau von Gemüse werden die langjährigen Beobachtungen darüber beschrieben, welche Pflanzenarten eine gute Kombination im Beet bilden und welche sich wiederum im Wachstum behindern.

Hoch und flach: Es kann für das Wachstum positiv sein, wenn die Nachbarn sich den verfügbaren Raum gut teilen, also eine Art schlank in die Höhe wächst, die andere sich dazwischen flach ausbreitet (z. B. Kohlrabi und Salat).

Schnell und langsam: Manche Arten ergänzen sich durch eine unterschiedliche Schnelligkeit des Wachstums, dann kann die schnellere Art schon geerntet werden, wenn die andere später den Platz für sich beansprucht (z.B. Radies und Möhre).

Stärken und abwehren: Manche Arten können durch ihre Wurzelausscheidungen oder einen intensiven Geruch mögliche Schaderreger abschrecken oder verwirren (z.B. Bohnen und Bohnenkraut). Letztendlich bilden solche Kombinationen das Grundgerüst für eine erfolgreiche Mischkultur.

Schwächen und behindern: Schlechte Kombinationen hat man dann, wenn sich zwei Arten z. B. durch Wurzelausscheidungen gegenseitig im Wachstum behindern, völlig andere Nährstoffbedürfnisse haben oder von den gleichen Krankheiten und Schaderregern befallen werden.

Zu beachten ist hier allerdings folgendes: Es handelt sich dabei in den allermeisten Fällen um Beobachtungen unter ganz bestimmten Bedingungen wie Standort, Bodenart, Witterung, Anbauform, Jahreszeit und Sorten, die unter anderen Umständen möglicherweise nicht oder nicht so deutlich eintreten. Daher kann für den Inhalt der beiden folgenden Tabellen (unten die Kurzfassung, auf der nächsten Doppelseite die ausführliche Variante) auch keine Gewähr übernommen werden.

Für den schnellen Überblick kommt hier eine Kurzfassung mit den grundlegenden Informationen:

Zum Ausprobieren: Gute Nachbarn	Zum Einprägen: Schlechte Nachbarn
Frühe Möhre – Zwiebel	Salat – Petersilie
Späte Möhre – Porree	Fenchel – Tomate
Buschbohne – Rote Bete – Bohnenkraut	Buschbohne – Zwiebel
Sellerie – Porree	Kohl – Zwiebel
Möhre – Salat – Schnittlauch	Tomate – Erbse
Tomate – Petersilie	Erbse – Bohne
Tomate – Sellerie	Kartoffel – Sonnenblume
Salat – Radies – Kohlrabi	Kartoffel – Tomate
Gurken – Dill	Kohl – Senfsaat

Die beiden Zusammenstellungen (Tabellen) erfolgten unter Verwendung der Quellen:
1) Grieb, O. „Alles über Bio-Gemüse" Ulmer 2018 und 2) Kreuter, M.-L. „Der Biogarten" BLV 1992

Die ausführlichere Übersicht mit guten und schlechten Nachbarn für die einzelnen Gemüsearten:

Gemüseart	Gute Nachbarn	Schlechte Nachbarn
Aubergine	Kohl, Ringelblume, Salat, Spinat	Erbse, Kartoffel, Paprika, Rote Bete, Tomate
Buschbohne	Bohnenkraut, Borretsch, Erdbeere, Gurke, Kartoffel, Kohlarten, Mangold, Mais, Rote Bete, Salat, Sellerie, Spinat, Tomate	Erbse, Fenchel, Zwiebelgewächse
Endivie	Fenchel, Möhre, Kohl, Porree	
Erbse	Fenchel, Gurke, Kohlarten, Mais, Möhre, Pastinake, Radies, Rettich, Rote Bete, Salat, Sellerie, Spinat, Zucchini	Aubergine, Bohne, Kartoffel, Paprika, Tomate, Zwiebelgewächse
Erdbeere	Buschbohne, Kohlrabi, Möhre, Radies, Rettich, Rote Bete, Salat, Spinat, Zwiebelgewächse	Kohl
Fenchel	Endivie, Erbse, Feldsalat, Gurke, Salat, Salbei	Bohne, Kohlrabi, Tomate
Gurke	Basilikum, Dill, Erbse, Fenchel, Paprika, Kohl, Mais, Rote Bete, Salat, Sellerie, Spinat, Stangenbohne, Zwiebelgewächse	Kartoffel, Radies, Rettich, Salbei, Zucchini
Kartoffel	Baldrian, Bohne, Borretsch, Dicke Bohne, Fenchel, Kohl	Aubergine, Chinakohl, Erbse, Erdbeere, Gurke, Kürbis, Paprika, Rote Bete, Salat, Sellerie, Tomate, Zwiebel
Knoblauch	Erdbeere, Gurke, Möhre, Rote Bete, Salat, Tomate	Bohne, Erbse, Kreuzblütler
Kohlarten	Bohne, Borretsch, Dill, Endivie, Erbse, Gurke, Kartoffel, Möhre, Porree, Rhabarber, Ringelblume, Rote Bete, Salat, Salbei, Sellerie, Spinat, Tagetes, Tomate	Erdbeere, Knoblauch, Raps, Senf, Tomate, Zwiebel
Kürbis	Zuckermais	
Mais	Bohne, Erbse, Gurke, Kartoffel, Kürbis, Melone, Phacelia, Salat, Spinat, Tomate, Zucchini	Sellerie, Rote Bete
Mangold	Bohne, Kohl, Möhre, Pastinake, Radies, Rettich	Rote Bete, Schwarzwurzel, Spinat
Möhre	Chicorée, Dill, Endivie, Erbse, Knoblauch, Kohl, Mangold, Porree, Radies, Rettich, Salat, Schwarzwurzel, Tagetes, Tomate, Zwiebel	Rote Bete
Paprika	Bohne, Gurke, Knoblauch, Kohl, Möhre, Petersilie, Ringelblume, Sellerie, Senf	Aubergine, Erbse, Fenchel, Kartoffel, Rote Bete, Tomate

Gemüseart	Gute Nachbarn	Schlechte Nachbarn
Pastinake	Bohne, Chicorée, Dill, Erbse, Kartoffel, Mangold, Porree, Radies, Rettich, Rote Bete, Salat, Sellerie, Spinat, Tomate, Zwiebel	Möhre
Porree	Endivie, Erdbeere, Kamille, Kohlrabi, Möhre, Pastinake, Salat, Schwarzwurzel, Sellerie, Spinat, Tomate	Bohne, Erbse, Rote Bete
Radies / Rettich	Bohne, Erbse, Erdbeere, Kohl, Mangold, Möhre, Petersilie, Porree, Salat, Schwarzwurzel, Spinat, Tomate	Gurke, Senf, Zucchini
Rote Bete	Bohne, Bohnenkraut, Dill, Gurke, Kohl, Knoblauch, Kümmel, Salat, Zwiebel	Aubergine, Erbse, Kartoffel, Mais, Mangold, Porree, Spinat
Schwarzwurzel	Bohne, Kohl, Porree, Radies, Rettich, Salat	
Sellerie	Bohne, Erbse, Gurke, Kamille, Kohl, Porree, Spinat, Tomate	Kartoffel, Mais
Spargel	Bohne, Dill, Gurke, Kohlrabi, Salat, Petersilie, Rhabarber	Kartoffel, Zwiebelgewächse
Spinat	Aubergine, Bohne, Erbse, Erdbeere, Gurke, Mais, Kartoffel, Kohl, Radies, Rettich, Salat, Sellerie, Tomate	Mangold, Rote Bete
Tomate	Basilikum, Bohne, Mais, Möhre, Kamille, Knoblauch, Petersilie, Porree, Radies, Rettich, Ringelblume, Salat, Sellerie, Senf, Spinat, Tagetes, Zwiebel	Aubergine, Erbse, Fenchel, Kartoffel, Paprika, Rote Bete
Zucchini	Basilikum, Bohne, Erbse, Kamille, Mais, Zwiebel	Gurke, Radies, Salat, Tomate
Zwiebel	Bohnenkraut, Dill, Erdbeere, Gurke, Kamille, Majoran, Möhre, Pastinake, Rote Bete, Salat, Tomate, Zucchini	Bohne, Erbse, Kohl, Porree, Schnittlauch

Auf den ersten Blick erscheint diese Tabelle sicher recht unübersichtlich. Es stecken da allerdings auch jahrzehntelange Beobachtungen dahinter, die man nicht beim einmaligen Draufschauen nachvollziehen kann!

Anbaumethoden

Reihenkultur oder Mischkultur?

Grundsätzlich gibt es zwei Methoden, wie Sie Ihr Gemüse anbauen können. In Reihenkultur oder in Mischkultur. Reihenkultur meint, dass Gemüse nach Art und Sorte geordnet in den Beeten steht. Also haben Sie dann ein Beet oder Beetabteil mit Salat, eines mit Grünkohl, eines mit Zucchini und so weiter. Das hat einige Vorteile: Sie haben eine sehr übersichtliche Ordnung, Sie wissen, wo was steht und Sie wissen auf einen Blick wie viele Pflanzen Sie von einer Gemüseart bzw. -sorte noch haben.

Bei der Mischkultur sieht für das ungeübte Auge alles aus wie ein einziges großes Durcheinander. Gepflanzt wird nach keiner offensichtlichen Ordnung, sondern nach dem Prinzip „gute Nachbarn/schlechte Nachbarn". Der Mischkulturgärtner achtet darauf, dass die Pflanzen, die er nebeneinandersetzt, sich im besten Falle gegenseitig unterstützen und sogar schützen.

MISCHKULTUR IM TOMATENHAUS.

Ich habe es in meinen ersten Jahren als Hobbygärtner auch auf manchen Beeten mit der Mischkultur versucht, weil diese Methode für mich sehr verlockend klang. Pflanzen, die fröhlich bunt durcheinander wachsen und sich dabei gegenseitig schützen und unterstützen!

Aber ich bin gescheitert, weil ich bald nicht mehr wusste, wo ich was zu stehen hatte und ob das kleine Pflänzchen hier zwischendrin nun ein Wildkraut oder ein von mir angepflanztes oder gesätes Etwas ist. Und da ich beim Zeichnen von Pflanzplänen eher nachlässig bin, habe ich mich schnell wieder der Reihenkultur zugewandt.

Falls Sie es also mit der Dokumentation der Pflanzungen auch eher locker nehmen, würde ich Ihnen zur Reihenkultur raten. Zumindest in den ersten Jahren. Reizen Sie da erstmal die Möglichkeiten der Reihenkultur und Reihen-Mischkultur aus. Natürlich müssen Sie hier auch darauf achten, was Sie nebeneinander pflanzen und dass Sie im Jahreswechsel nicht immer das gleiche Gemüse an dieselbe Stelle setzen. Sonst entziehen Sie dem Boden immer die gleichen Nährstoffe und laufen zudem Gefahr, dass spezialisierte bodenbürtige – also im Boden befindliche – Schadorganismen von einem Jahr aufs nächste auf Ihre Pflanzen übertragen werden.

Insgesamt gesehen ist für mich die Reihenkultur entspannter, weil sie für eine klare und übersichtliche Struktur in meinen Beeten sorgt.

Expertentipp

Reihenkultur und Mischkultur

Die Reihenkultur hat sich aus der Landwirtschaft entwickelt. Ursprünglich wurde das Getreide wohl einfach breitwürfig ausgesät. Als man damit begann, für die Aussaat oder die Pflanzung Rillen auf dem Feld zu ziehen, war ein linearer Reihenanbau vorgegeben. Später wurde die Arbeit durch Maschinen erleichtert, mit denen man Säen, Pflanzen, Hacken, Düngen und Ernten konnte. Dafür war natürlich eine einheitliche Kultur in Reihen notwendig.

Maschinen brauchen Struktur

Wenn man im Kleingarten eine Rollhacke einsetzen möchte, braucht man dafür auch ein Beet mit den gleichen Abständen zwischen den Pflanzreihen. Sobald man also mehr Gemüse anbaut, als man per Hand pflegen kann, wird man Maschinen und Geräte einsetzen, die eine Struktur auf dem Beet erfordern.

Von links: Reihenkultur, Reihen-Mischkultur, Mischkultur.

Im Gegensatz zur Reihenkultur wird bei der Mischkultur die Natur nachgeahmt. Dort gibt es je nach den Umweltbedingungen (Klima, Boden, Nährstoffe, Wasser…) bestimmte Pflanzenarten, die sich am jeweiligen Standort durchsetzen. Das können verschiedene Arten sein oder auch nur ganz wenige, die alle anderen durch ihre gute Anpassung an den jeweiligen Standort verdrängen konnten. Bei der Mischkultur in Reinform werden die Pflanzen scheinbar völlig durcheinander ins Beet gesetzt, um eine möglichst große Vielfalt und Abwechslung sowie möglichst positive Synergien zwischen den verschiedenen Arten zu erreichen. Dieses Gemisch wirkt „natürlich", ist aber (natürlich) doch nicht dasselbe wie die Natur, weil es sich ja auch hier um Nutzpflanzen handelt, die angebaut werden und sich nicht von allein angesiedelt haben.

Fassen wir zusammen

- Im Hobbygarten, wo sehr kleine Flächen bewirtschaftet werden und vor allem Spaten oder Grabegabel sowie Grubber, Hacke und Harke zum Einsatz kommen, lässt sich auf jeden Fall die Mischkultur am besten ausprobieren.
- Sobald jedoch der Anbau so umfangreich ist, dass Maschinen oder Geräte eingesetzt werden, die eine Reihenstruktur erfordern, kommt die Mischkultur an ihre Grenzen. Dann sieht man häufig den Kompromiss, dass auf dem Beet oder Feld zwei Kulturen abwechselnd in Reihen stehen. Wir haben dann sozusagen eine Reihen-Mischkultur.

Bauerngarten – üppige Vielfalt in Mischkultur

Die Mischkultur ist typisch für den sogenannten Bauerngarten, der traditionell vor allem der Selbstversorgung der bäuerlichen Familie diente. Auf relativ kleinem Raum finden sich hier neben Gemüse auch Kräuter, Blumen und Heilpflanzen. Ein buntes fröhliches Allerlei, das es eben aber auch zu durchschauen gilt. Oft wurde hier nach Mischkulturprinzipien gepflanzt, manchmal aber auch in Reihen. Gerne reservierte man eine Fläche für mehrjährige Kräuter und drei Beete für Stark-, Mittel und Schwachzehrer.

Der Grundriss eines typischen Bauerngartens – vier Beete im Quadrat angeordnet und in der Mitte ein Zierbeet, ein Rosenstrauch oder ein Brunnen – kann für den Gemüsegarten-Anfänger interessant sein. Das sieht hübsch aus, funktioniert auch auf kleinerem Raum und man kann den Garten mit wachsender Erfahrung Stück für Stück weiterentwickeln. Für den Anfang könnte sich die Nutzung der Struktur eines Bauerngartens sehr gut für die Einführung einer Vierfelderwirtschaft eignen.

Vierfelderwirtschaft

Mein Gemüsebeet in meinem Kleingarten ist etwa 100 qm groß: 14 m lang, 7 m breit. Ich habe es unterteilt in zehn einzelne kleinere Beete von jeweils etwa 80 cm Breite. Eines ist das Tomatenhausbeet, auf zweien steht mehrjähriges Gemüse, drei werden je nach Laune bepflanzt und vier der zehn Beete habe ich für die Vierfelderwirtschaft reserviert.
Die Vierfelderwirtschaft ist ein Anbauprinzip mit sehr langer bäuerlicher Tradition. Über viele Generationen hat sich diese Methode im Ackerbau bewährt. Und das Beste: Die Vierfelderwirtschaft ist auch für den heimischen Gemüsegarten geeignet!

So funktioniert sie: Auf je einem der vier Beete werden Starkzehrer, Mittelzehrer oder Schwachzehrer angebaut. Das vierte Beet liegt brach und wird durch eine Gründüngung wieder mit Nährstoffen aufgeladen. Nach einem Jahr wechseln die Pflanzungen jeweils ein Beet weiter. Das heißt, wo Starkzehrer waren, sind dann Mittelzehrer, wo Mittelzehrer waren, sind dann Schwachzehrer und wo Schwachzehrer waren, werden Gründüngungspflanzen gesät und dahin wo Gründüngung wuchs, kommen die Starkzehrer.

- **Starkzehrer** sind u.a. Kohl, Kürbis, Zucchini, Tomate, Kartoffel, Lauch.
- **Mittelzehrer** sind u.a. Fenchel, Rote Rübe, Kohlrabi, Zwiebel, Karotte.
- **Schwachzehrer** sind u.a. Erbse, Bohne, Radieschen und viele Salate.
- Pflanzen für eine **Gründüngung** sind z.B. Phacelia, Senf, Tagetes oder Lupine, Klee und andere Leguminosen, die an ihren Wurzeln Stickstoff anreichern können. Sie erhöhen die Bodenfruchtbarkeit und wenn sie im Herbst untergegraben werden, haben sie für die nachfolgenden Kulturen noch eine düngende Wirkung.

Eine genaue Einteilung gibt es übrigens nicht, die Grenzen sind nicht festgelegt und somit fließend. Der Vorteil der Vierfelderwirtschaft ist, dass die Nährstoffe im Boden optimal durch die Pflanzungen genutzt werden. Starkzehrer bekommen viel Nährstoffe, Mittelzehrer mittelmäßig viel und Schwachzehrer wenig. Wenn der Boden drei Jahre lang bewirtschaftet wurde, darf er sich erholen und dann beginnt der Kreislauf von neuem.

Die Vierfelderwirtschaft ist eine Methode, die quasi überall funktioniert, sogar dann, wenn Sie keinen Garten haben. Dann praktizieren Sie das Ganze einfach mit vier kleinen Hochbeeten auf der Terrasse.
Was Sie allerdings bei der Vierfelderwirtschaft immer beachten sollten, ist die Fruchtfolge. Denn zur Verhütung von Krankheiten und Pflanzenstress es ist durchaus wesentlich, was im Jahreswechsel an welche Stelle im Beet gepflanzt wird.

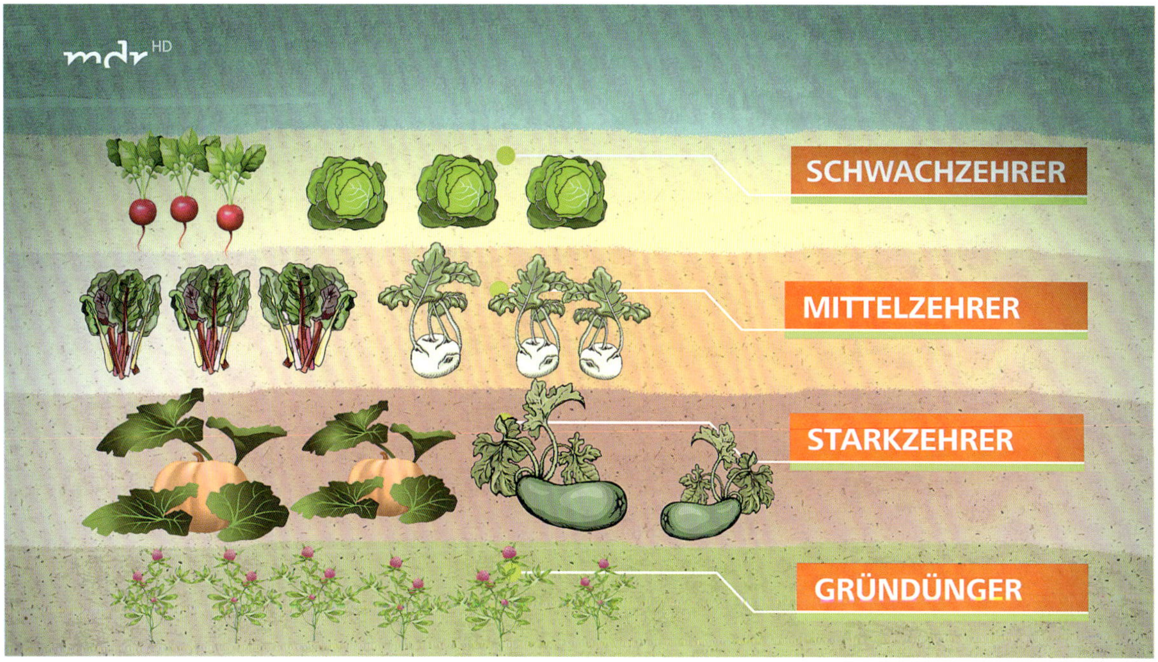

Vierfelderwirtschaft – 1. Jahr.

Vierfelderwirtschaft – 2. Jahr. Alle Pflanzungen sind ein Beet weiter gerückt, die Starkzehrer stehen zum Beispiel jetzt auf der Gründüngungsfläche des Vorjahres.

Expertentipp

Der Nutzen von Fruchtfolgen

Solange es Ackerbau gibt, haben die Menschen das Wachstum der Pflanzen beobachtet und darauf reagiert. Im Altertum wurde häufig ein Stück Land gerodet und die Asche der verbrannten Gehölze diente als Dünger. Darauf wurden so lange Getreide oder andere Feldfrüchte angebaut, bis der Boden ohne Zufuhr von Nährstoffen ausgelaugt war. Nun überließ man das Feldstück der Natur und zog ein Stück weiter, um wieder einen neuen ertragreicheren Acker zu bestellen. Diese Form des Wander-Ackerbaues gibt es in einigen Gebieten von Afrika und Mittelamerika vereinzelt noch heute.

Dreifelderwirtschaft

Im Mittelalter war in unseren Breiten die **Dreifelderwirtschaft** üblich. In Kurzform hieß das früher „Winterung – Sommerung – Brache". Das bedeutet, man hat damals die landwirtschaftlich genutzten Flächen rund um die Dörfer in drei möglichst gleich große Stücke für eine zeitlich versetzte dreijährige Nutzungsfolge aufgeteilt. Auf jedem der drei Stücke erfolgte im Zeitraum von drei Jahren immer die gleiche Rotation:

- **1. Jahr:** Anbau von Wintergetreide
- **2. Jahr:** Anbau von Sommergetreide
- **3. Jahr:** Brache

Jeder Bauer hatte an jedem der drei Stücke seinen kleinen Anteil. So konnte man auf jedem Stück zwei Jahre Getreide anbauen und schob dann ein Jahr Brache ein. Durch die Einarbeitung oder die Beweidung des bei der Brache anfallenden Aufwuchses konnten dem Acker wieder Nährstoffe zurückgegeben werden. Ohne die Kenntnis der mineralischen Düngung war das neben dem Ausbringen von Mist und Jauche die einzige Möglichkeit zur Nährstoffversorgung der Feldfrüchte und über Jahrhunderte geübte Praxis.

Um 1840 entdeckte der Chemiker Justus von Liebig die Wirkung der Zugabe von Mineralien, wie Stickstoff, Phosphor, Kalium u. a., auf das Wachstum und den Ertrag von Kulturpflanzen. Damit hatte die Dreifelderwirtschaft ausgedient. Im 20. Jahrhundert schuf man dann die Möglichkeiten zur Herstellung von handelsfähigen Mineraldüngern und erlangte weitere Kenntnisse über den Bedarf der Ackerfrüchte – aber auch der Gemüsearten – an den verschiedenen Nährstoffen. Wir nutzen heute noch die Einteilung in „Starkzehrer"– „Mittelzehrer" - „Schwachzehrer". Durch diese Kenntnisse und technischen Möglichkeiten konnte der Anbau von Gemüse deutlich intensiviert werden.

Fruchtfolgen in der Praxis

Im Erwerbsgemüsebau gibt es zwei große Gruppen von Fruchtfolgen: Solche, bei denen die Gemüsearten zusammen mit Ackerfrüchten wie Getreide und Kartoffeln im Wechsel angebaut werden und die reinen gemüsebaulichen Fruchtfolgen. Im Hobbygarten sind eher die letztgenannten anzutreffen, auch wenn dort teilweise Kartoffeln, Erdbeeren oder Zierpflanzen (z. B. Dahlien) in die Rotation einbezogen werden.

Im Hobbybereich haben wir heute in vielen Gärten eine Nutzung der Flächen in einer Vierfelderwirtschaft, die dem Bioanbau entlehnt ist: Im ersten Jahr werden nach einer organischen Düngung auf einer Fläche Starkzehrer angebaut, im zweiten Jahr Mittelzehrer, im dritten Jahr die Schwachzehrer und im vierten Jahr folgt eine Gründüngung.
In anderen Gärten, so auch in manchem Bauerngarten, steht die Gründüngung nicht auf dem vierten Beet, sondern sie wird bei den Stark- oder Mittelzehrern als Vor- oder Nachkultur im Jahresverlauf eingeschoben. So wird ein Beet frei für ausdauernde Pflanzen wie Kräuter, die damit aus der Fruchtfolge herausgenommen werden. In diesem Fall rotieren nur noch drei Flächen nach den Nährstoffansprüchen und die organische Düngung erfolgt wie sonst auch im Herbst oder Frühjahr vor dem Anbau der Starkzehrer.
Es gibt noch einen weiteren Aspekt, der beim heutigen Anbau eine recht große Rolle spielt. Man weiß heute viel mehr über die Biologie der verschiedenen Krankheiten und Schaderreger. So nutzt man eine durchdachte Fruchtfolge auch dazu, das Krankheits- und Schaderregerrisiko im Gemüsegarten zu reduzieren. Dazu gehört das Einhalten von Anbaupausen genauso wie das Augenmerk darauf zu richten, dass bestimmte Krankheiten und Schaderreger auch bei unterschiedlichen Gemüsearten auftreten können. Solche Arten sollten in einer guten Fruchtfolge nicht direkt aufeinander folgen.

Permakultur

Immer öfter liest man in den Gartenzeitschriften etwas über Permakultur. Das ist ein dehnbarer Begriff mit unklarer Definition auf Grundlage einer umwelt- und menschenfreundlichen Philosophie. Letzten Endes ist aber damit gemeint, dass man mit der Natur gärtnert und nicht gegen sie, dass man die Pflanzendiversität fördert, Kreislaufwirtschaft betreibt und so pflanzt, dass das ganze Jahr über permanent der Boden bedeckt ist.

Das wird Ihnen recht bekannt vorkommen, wenn Sie dieses Buch bis hierhin gelesen haben. Denn das sind die Prinzipien, die wir hier bereits beschrieben haben, allerdings ohne das Label Permakultur zu verwenden. Es sind die Regeln, nach denen jeder ökologisch orientierte Hobbygärtner arbeitet.

Einer der Aspekte, auf die wir in diesem Buch erst später eingehen, ist das Prinzip des ständig bedeckten Bodens. Hier schon einmal ein paar erläuternde Worte dazu:

Ein durchgängig bedeckter Boden im Garten ist sinnvoll. Denn sobald man ein Stückchen Erde frei lässt, passieren lauter Dinge, die man als Gärtner nicht will. Der Regen wäscht die Nährstoffe aus und trägt den Boden ab. Außerdem siedeln sich Wildkräuter an, die den Boden zusätzlich auslaugen. Abgesehen von diesen unerwünschten Effekten wird das Jäten vor der neuen Pflanzung aufwendiger, je mehr an der betreffenden Stelle wild gewachsen ist. Deshalb ist es wichtig, dass die Erde nicht längere Zeit offen und ungeschützt liegt, sondern entweder bepflanzt oder anderweitig bedeckt ist.

Bei unbedecktem Boden drückt das Unkraut schnell wieder durch.

Besondere Beetformen

Das Hochbeet

Ich habe zwei Hochbeete in meinem Gemüsegarten. Und ich liebe sie. Was auch immer ich dort pflanze, gedeiht in beispielloser Größe und Gesundheit. Zumindest im Vergleich zu dem, was in meinem normalen Beet wächst. Ich mache immer wieder gerne den Versuch, dass ich zur selben Zeit die gleiche Pflanzenart in mein Gemüsebeet und in mein Hochbeet setze. Der Unterschied ist jedes Mal aufs Neue frappierend.

Im Hochbeet wächst einfach alles schneller, kräftiger und größer. In der Hälfte der Zeit wird zum Beispiel mein Kohlrabi dort viermal so groß wie seine Kollegen im normalen Beet. Aber wie kommt das zustande? Das gute und schnelle Wachstum im Hochbeet hat gleich mehrere Gründe:

- **Gute Erde:** Zum einen können Sie beim Hochbeet die Qualität der Erde selbst bestimmen. Beim normalen Gemüsebeet müssen die Pflanzen weitestgehend mit dem klarkommen, was sie vorfinden. Sie können zwar über längere Zeit hinweg versuchen, den Boden aufzuwerten, aber die Grundstruktur wird bleiben. Das heißt, Sie werden auch mit viel Einsatz aus einem schweren lehmigen Boden so schnell keinen idealen, krümeligen und gut durchlüfteten Gartenboden zaubern. Im Hochbeet dagegen können Sie für optimale Bedingungen sorgen. Ich habe in mein Hochbeet eine Mischung aus Biogemüseerde und -kompost gefüllt. Die Erde ist locker und zugleich nährstoffreich.

- **Prima Klima:** Ein weiterer Grund für die erstaunlichen Ergebnisse ist die Konstruktion des Hochbeetes. Wenn die Pflanzen noch jung und klein sind, sitzen sie vor Wind und Kälte geschützt hinter dem Hochbeetrand. Das Holz oder auch der Stein – je nach dem aus welchem Material das Hochbeet gebaut ist – speichert die Wärme der Sonne und gibt sie an die Pflanzung ab, wenn die Sonne nicht mehr scheint. Unter der Hochbeeterde befindet sich ein Aufbau aus kompostierbarem Pflanzenmaterial, also Ästen und Blättern, die bei der Verrottung zusätzlich Wärme und Nährstoffe abgeben. Das alles sorgt für ein optimales Kleinklima. Und Ihr Gemüse dankt es Ihnen mit kräftigem Wuchs.

- **Ganz bequem:** Ein Hochbeet hat aber nicht nur Vorteile für die Pflanzen, sondern auch für den Gärtner. Der muss sich nämlich nicht bücken bei der Bearbeitung. Und auch nicht in die Knie gehen. Ein Hochbeet ist die bequemste Art zu gärtnern, die ich kenne.

- **Ganz flexibel:** Außerdem können Sie es überall hinstellen. In den Garten oder auf die Terrasse, vors Haus, neben die Garage, sogar auf den Balkon, wenn er groß genug ist. Wenn Sie es im Garten aufstellen, können Sie dafür sorgen, dass es Bodenkontakt hat und hilfreiche Bodenorganismen durch das Wühlmausschutzgitter hindurch von unten in das Hochbeet wandern können. Wenn es auf einer versiegelten Oberfläche steht, wie etwa auf der Terrasse, dann ist es zwar unten abgeschlossen, aber es funktioniert trotzdem!

Warum hat dann nicht jeder ein Hochbeet, werden Sie vielleicht fragen? Ganz einfach. So ein Hochbeet hat auch nicht zu unterschätzende Nachteile:

- **Nicht ganz günstig:** Zum einen kostet es richtig Geld. Wenn man sich ein vorgefertigtes leisten oder sich eines bauen lassen möchte, muss man für ein 2qm großes Beet zwischen 200 und 500 € rechnen! Ich habe meine beiden Hochbeete selbst gebaut, das war aber eine Menge Arbeit und auch nicht wirklich viel billiger. Aber ich hatte noch ein paar alte Terrassendielen übrig, die ich gerne nachnutzen wollte. Deshalb habe ich mich für den Selbstbau entschieden.

- **Erhöhter Pflegeaufwand:** Ein weiterer Nachteil von einem Hochbeet ist, dass es regelmäßig Arbeit macht. Da die Füllung aus Verschnitt und Blättern zunehmend verrottet, rutscht die Erde nach unten und Sie müssen jedes Jahr ein paar Säcke nachfüllen. Wenn nach fünf Jahren alles Geäst verrottet ist, sollte das Beet innerhalb des Rahmens neu aufgebaut werden. Also alles raus, neue Äste und Blätter rein, Erde wieder drauf. Der Aufwand hierfür ist nicht zu unterschätzen. Ich habe mich bislang davor gedrückt, aber bis jetzt bin ich mit der Leistung meines Hochbeetes ja auch noch zufrieden. Da schiebe ich den Neuaufbau noch ein bisschen vor mir her.

Wenn Sie der Gedanke an Kosten und Aufwand nicht stört und Sie wollen es mal mit einem gekauften Hochbeet oder sogar dem Selbstbau versuchen, dann habe ich hier ein paar Bilder für Sie. Vom Aufbau meines Beetes, zur Anregung und Illustration. Außerdem beschreibt Martin Krumbein in seinem Expertentipp auf der folgenden Doppelseite ganz detailliert, was es beim Hochbeetbau, bei der Befüllung und der Bepflanzung so zu beachten gibt.

Boden ausheben, Erdspiesse rein.

Pfähle setzen.

Rahmen bauen.

Teichfolie und Wühlmausgitter anbringen.

Beet befüllen.

Stolz sein und ruhen lassen.

Pflanzen und säen.

Ernten.

Expertentipp

Bau und Nutzung eines Hochbeetes

Man findet es heute schon in so manchem Garten – das Hochbeet. Ob aus Bruchsteinen oder Ziegeln gemauert oder aus Holzbalken und Brettern zusammengebaut, ein Hochbeet bietet eine interessante Ergänzung zu den traditionellen Gartenbeeten.

Beim Bau eines Hochbeetes kann man sehr kreativ und individuell vorgehen. Bestimmte Dinge allerdings sind immer zu beachten. Das Beet steht im Freien, ist also der Witterung ausgesetzt, und es wird mit Erde und organischem Material befüllt und bepflanzt. Daher muss das Baumaterial so stabil und haltbar sein, dass es mehrere Jahre überdauern kann. Zudem müssen die Außenwände vor Schäden geschützt werden. Sie sollten also möglichst keinen direkten Kontakt zum gewachsenen Boden haben und nach innen mit einer Folie vor der feuchten Erde geschützt werden.

Der Boden des Hochbeetes sollte immer offengehalten werden, um den Bodenorganismen, insbesondere den Regenwürmern, die Besiedelung des Beetes zu ermöglichen. Ein unter dem Beet liegendes Gitter schützt es vor Mäusen.

Schicht für Schicht

- **Unterste Schicht:** In das Hochbeet kommt ganz unten unverrottetes organisches Material, z. B. Holz vom Strauch- und Baumschnitt, trockenes Material von Stauden oder kleinere Mengen Grasschnitt. Bei letzterem muss man vorsichtig vorgehen, da das frisches Mähgut einen sehr hohen Wassergehalt hat und bei einer zu dicken Schicht die Gefahr von Fäulnis besteht. Also das Ganze möglichst erst etwas anwelken lassen.
- **Mittlere Schicht:** Umgedrehte Rasensoden, darauf Komposterde. Unfertiges Material weiter nach unten, fertigen Kompost auch mit in die obere Schicht. Durch die Verrottung der organischen Substanz werden Nährstoffe freigesetzt und es entsteht Wärme, die den wachsenden Pflanzen zugutekommt.
- **Oberste Schicht:** Zuoberst kommt ein Gemisch aus Gartenerde und Kompost. Es kann auch etwas Sand dazu gegeben werden. Dies ist besonders dann sinnvoll, wenn die vorhandene Gartenerde sehr bindig ist, also höhere Anteile von Schluff und Ton enthält. Durch den Sand wird der Boden lockerer und hat somit eine bessere Drainage, was besonders für den Anbau von Wurzelgemüse, wie Möhren, Pastinaken oder Schwarzwurzeln, ein echter Vorteil ist.

Bis zum Rand füllen?

Die Füllhöhe richtet sich nach dem Termin. Legt man das Hochbeet im Herbst an, wird es komplett bis zum oberen Rand befüllt, da das Material über den Winter zusammensacken kann. Bei Hochbeeten, die im Frühjahr gebaut werden, kann man das auch tun, dann sackt das Material während des Wachstums der Pflanzen zusammen. Möchte man bereits zeitig Pflanzen ins Hochbeet setzen und muss diese noch mit Folie, Vlies oder einem Glasfenster vor Nachtfrösten schützen, füllt man das Hochbeet nicht ganz auf, sondern lässt oben etwas frei.

Was sollte man nun eigentlich in ein Hochbeet pflanzen oder säen?
Geeignet sind dafür sehr viele Pflanzenarten, jedoch bietet das Hochbeet für einige Gruppen von Pflanzen besondere Vorteile, die sie im normalen flachen Gartenbeet oft nicht haben.

- **Frühgemüse:** Da wäre zuerst das Frühgemüse. Wie oben schon erwähnt, lassen sich frühe Salate, Rucola, Radies oder Kohlrabi hier besonders sicher anbauen.
- **Wurzelgemüse:** Gut gedeihen im Hochbeet auch die Wurzelgemüsearten. Durch den wesentlich lockereren Boden wachsen Möhren, Pastinaken und andere Wurzeln besonders gut und haben oft eine bessere Qualität, also längere und gleichmäßigere Rüben. Allerdings kann für dieses Gemüse frischer Kompost etwas gefährlicher sein, da häufiger Pilzsporen oder andere Schaderreger auftreten können. Daher sollte man nur geringere Mengen und gut abgesetzten Kompost einsetzen oder den Boden mit etwas Sand auflockern.
- **Weitere Arten:** Natürlich können in einem Hochbeet auch viele andere Gemüsearten stehen, wie Erbsen und Bohnen, Spinat, Mangold und andere Blattgemüse, Porree oder auch Paprika und Kürbisse, etc. Viele Kräuter gedeihen dort ebenfalls gut.

Nicht zu empfehlen für den Anbau im Hochbeet sind mehrjährige Arten wie Spargel und Rhabarber wegen des regelmäßigen Nachfüllens von Substrat, Arten mit einer sehr langen Kulturzeit wie Rosenkohl und Kopfkohl und sehr hohe Arten wie Tomaten oder Stangenbohnen, denn das Hochbeet soll uns ja auch das Arbeiten und Ernten in einer angenehmen Höhe bieten.

Schutz: Teichfolie an den Wänden, Wühlmausgitter auf dem Boden.

Strauchschnitt und Blätter auf dem Boden verteilen.

Dann umgedrehte Rasensoden, Kompost und Komposterde einfüllen.

Hügelbeet

Ein Hügelbeet ist im Prinzip ein Hochbeet, nur ohne Rahmen. Es hat also denselben Aufbau von unten nach oben: Ganz unten Äste und Blätter, darauf Holzhäcksel, die in die Hohlräume rieseln, darauf die umgedrehten Grassoden, die Sie an dieser Stelle aus der Erde gestochen haben, dann halbgarer Kompost, anschließend Komposterde (das ist eine Mischung aus garem Kompost und Pflanzenerde) und ganz oben gute Pflanzenerde.

Vorteile eines Hügelbeetes:

- Sie geben den Pflanzen im Frühjahr durch die Kompostierwärme etwas mehr Kälteschutz. Dadurch können Sie rund 14 Tage früher anfangen zu gärtnern als im Freibeet.
- Das ganze Jahr über bekommt Ihr Gemüse genügend Nahrung, ohne dass Sie sich kümmern müssen.
- Durch die Hügelform haben Sie Ihre Pflanzfläche um etwa die Hälfte vergrößert. Wenn Sie also 2 qm Grundfläche haben, stehen Ihnen in einem Hügelbeet rund 3 qm Beetfläche zur Verfügung.

Aufbau: Wie beim Hochbeet auch, nehmen Sie beim Hügelbeet zuerst auf der gewünschten Fläche die Grassoden spatentief ab und bauen dann in der so entstandenen Vertiefung das Beet Schicht für Schicht auf. Im Unterschied zum Hochbeet verzichten Sie jedoch auf die Umrahmung, sondern legen das Beet in Hügelform an. Außerdem verzichten Sie auf den Wühlmausschutz, also das Gitter, das Sie beim Hochbeet ganz unten in die Vertiefung legen. Es hätte beim Hügelbeet keinen Sinn, weil die Wühlmäuse da einfach von der Seite aus einwandern können, was beim Hochbeet durch die Rahmung nicht geht. Sie müssen also damit leben, dass Sie wahrscheinlich immer wieder Gäste im Hügelbeet haben werden. Und je lockerer die Erde ist, desto lieber mögen das die niedlich guckenden Wurzelfresser.

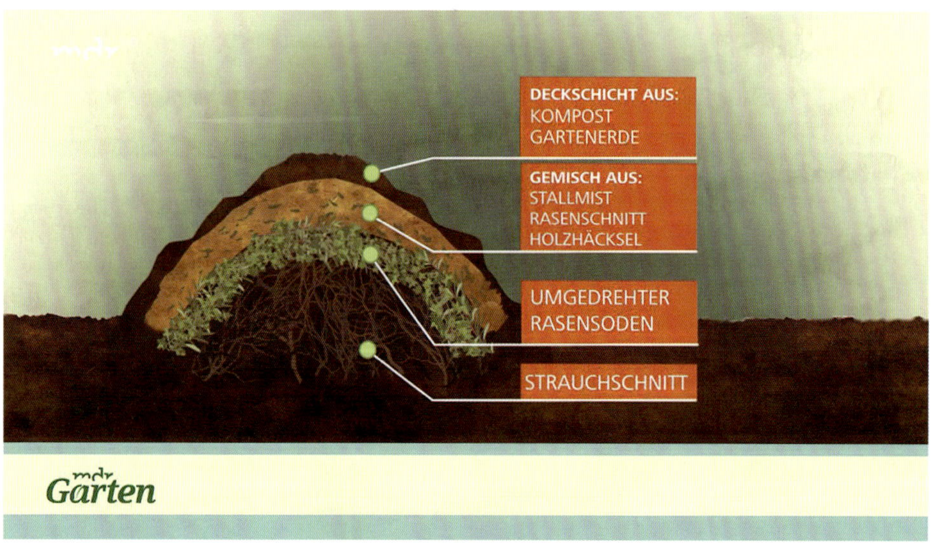

Aufbau eines Hügelbeets.

Im Herbst hebe ich den Boden für mein Hügelbeet aus.

Mein Bruder packt ordentlich mit an, so geht's schneller.

Jetzt wird das Beet aufgeschichtet.

Mein Hügelbeet bepflanze ich jedes Jahr anders.

Pflanzregeln

Nachdem Sie nun wissen, was Sie pflanzen wollen, warum, wann und wo, geht es jetzt um das wie. Kurz gesagt: Nicht zu eng, nicht zu tief und nicht zu hoch.

Der Pflanzabstand ist in Gärten immer ein spannendes Thema, an dem sich die Geister scheiden können. Auf guten Etiketten einer Charge Setzlinge (Foto unten) und auf jeder Saattüte stehen die Standardangaben für die Pflanz- und Reihenabstände. Beachtet man diese Angaben, hat man bessere Chancen, Krankheiten und Mangelernährung bei seinem Gemüse zu vermeiden. Stehen die Pflanzen zu eng, kann die Feuchtigkeit schlecht abtrocknen und es können sich Schimmelsporen und andere Krankheitskeime festsetzen. Außerdem stehen die Pflanzen zu sehr in Konkurrenz und nehmen sich gegenseitig Wasser und Nährstoffe weg.

Nun erinnere ich mich aber sehr gut an den Garten meiner Oma. Die hatte dort alles unglaublich eng aneinander gepflanzt und trotzdem wurde nichts krank und sie hatte immer etwas zu ernten. Pflanzabstand schien hier keine Rolle zu spielen. Der Grund: Meine Oma gärtnerte nach dem Bauerngartenprinzip und hatte eine Mischkultur angelegt. Hier gelten andere Regeln. Mit ihrer jahrzehntelangen Erfahrung wusste sie genau, welche Pflanzen sie wohin setzen konnte und wie eng diese stehen durften. Ohne dass sie sich gegenseitig störten, sondern sich vielmehr im Idealfall sogar gegenseitig unterstützten.

Wer jedoch in Reihenkultur gärtnert, wie ich es Ihnen für den Anfang auf jeden Fall nahelege, sollte sich auch an die empfohlenen Pflanz- und Reihenabstände halten. Um den Pflanzen ein stressfreies Wachstum zu ermöglichen.

Die Pflanztiefe ist relativ einfach einzuhalten. Sie gilt bei Reihen- und Mischkultur gleichermaßen. Setzen Sie die Pflanzen so tief ins Beet, wie Sie im Setzlingsbehälter stehen. Ausnahmen sind Tomaten, die bis zum ersten Blattansatz in die Erde gesetzt werden dürfen. Sie entwickeln dann an den Stängeln zusätzliche Wurzeln und stehen dadurch stabiler. Auch die Kohlarten sitzen lieber etwas tiefer in der Erde und entwickeln dann kräftigere Wurzeln.

Wenn Sie Ihre Pflanzen säen, achten Sie einfach auf die Saattiefe, die auf der Verpackung angegeben ist.

Soweit mein Crashkurs zum Thema Pflanzregeln. Gelernt habe ich das alles von Martin Krumbein. Aber natürlich weiß er noch viel mehr. Und das verrät er Ihnen jetzt.

Bohnensamen legen.

Infos zum Pflanzabstand stehen auf der Rückseite der Samentüten.

Expertentipp

Pflanzabstand von Gemüse

Bei der Aussaat von Gemüse ist auf jeder Saatgutpackung für den Hobbygärtner angegeben, wie groß der Reihenabstand und der Abstand der Pflanzen in der Reihe sein sollen, also mit welchem Abstand die Körner gesät werden. Oft ist auch noch die Saattiefe angegeben. Aber beim Kauf von Jungpflanzen findet man diesen Service nur teilweise. Selten ist eine Pflanzdichte auf den Etiketten angegeben. Also benötigt man hierfür einige Erfahrung oder ein gutes Fachbuch. Während man bei zu dicht stehendem, gesätem Gemüse dieses noch vereinzeln kann, sind die Jungpflanzen für eine solche Maßnahme einfach zu teuer.

Für die Abstände zwischen den Pflanzen ist daher nicht die Größe der Jungpflanzen maßgeblich, sondern die zu erwartende Größe des Gemüses zum Zeitpunkt der Ernte. Zu eng gepflanztes Gemüse kann sich nicht richtig entwickeln und wächst nicht kompakt, sondern schmal in die Höhe. Auch ist ein Befall mit Pilzkrankheiten viel häufiger, wenn das Gemüse zu eng steht und nach dem Gießen nicht abtrocknen kann.
Bei Tomaten und Paprika pflanzt man auf einen Quadratmeter zumeist etwa 3 bis 4 Pflanzen, bei Gurken nur 1,5 bis 2,5 Pflanzen und bei Zucchini und Kürbissen nur 1 bis 1,5.

Blüten im Gemüsegarten

Es heißt ja immer so schön, das Auge isst mit. Je ansprechender die Mahlzeit aussieht und serviert wird, desto besser schmeckt es. Das ist ein Erfolgsrezept von gehobenen Restaurants. Aber es kann auch ein Erfolgsrezept für zu Hause sein, falls Ihre Familie dem Genuss von Gemüse – selbst wenn es aus eigenem Anbau stammt – eher skeptisch gegenübersteht. Dekorieren Sie alles hübsch, und Sie haben schon halb gewonnen.

Dekorieren lässt sich besonders schön mit essbaren Blüten. Taglilie, Borretsch, Kapuzinerkresse, Kornblume, Schafgarbe, Ringelblume, Veilchen, Schlüsselblume und Malve sehen nicht nur hübsch aus, sondern schmecken auch noch interessant. Oft ernten Sie sogar ungläubiges Staunen, wenn Sie bestätigen und selbst vorführen, dass die bunte Dekoration wirklich nicht nur zum Anschauen gedacht ist.

SALAT MIT BLÜTEN AUS MEINEM GARTEN.

Als ich zum ersten Mal essbare Blüten angebaut habe, habe ich eines meiner zehn Beete komplett für sie reserviert. Inzwischen finde ich es viel hübscher, wenn immer mal wieder zwischen dem Gemüse Blumen auftauchen, die Blüten also über das ganze Beet verteilt sind. Denn das Auge isst nicht nur mit, es gärtnert auch mit! Je hübscher Ihr Garten aussieht, desto mehr Spaß wird es Ihnen machen, dort aktiv zu sein. Versuchen Sie es einfach mal, ich kann mir gut vorstellen, dass es Ihnen gefällt. Damit Sie sehen, dass es da tatsächlich eine Menge zur Auswahl gibt, hat Martin Krumbein hier eine alphabetisch geordnete Übersicht zusammengestellt.

Krumbeins Liste:

Essbare Blüten

Bärlauch, Borretsch, Buchweizen, Dahlie, Gänseblümchen, Herbstaster, Holunder, Jasmin, Kapuzinerkresse, Kornblume, Lavendel, Löwenzahn, Malve, Mohn, Pimpernelle, Ringelblume, Rose, Rucola, Schafgarbe, Schlüsselblume, Schnittknoblauch, Schnittlauch, Sonnenblume, Stiefmütterchen, Taglilie, Thymian, Veilchen, Zucchini

Auch Taglilien kann man essen.

Eine Ringelblume hübscht jeden Salat auf.

ESSBARE BLÜTEN MACHEN DOPPELT
FREUDE: ERST IM BEET UND SPÄTER
AUF DEM TELLER.

Der Garten im Winter

Ein Gemüsegarten muss im Winter nicht brach liegen. Mit etwas Planung und Vorbereitung können Sie das ganze Jahr über ernten und durchgängig frisches Gemüse aus dem Garten auf Ihren Tisch zaubern. Das ist noch nicht einmal so kompliziert, wie man vielleicht denken mag. Sie haben sogar mehrere Möglichkeiten.

WIR BEGUTACHTEN DEN PALMKOHL.

1. Wintergemüse anpflanzen

Erstaunlich viele Gemüse kommen mit den kalten Temperaturen im Winter klar. Manche sind winterhart und sogar zweistellige Minustemperaturen können ihnen nichts anhaben. Klassiker sind zum Beispiel verschiedene Kohlsorten. Grünkohl und Rosenkohl gehören dazu.

Aber Achtung: Wenn Sie im Winter etwas im Erntekörbchen haben möchten, müssen Sie bereits im Frühsommer mit dem Anbau loslegen.

Das liegt an der langen Vegetationszeit dieser Wintergemüsearten sowie an den grundsätzlichen Wachstumsbedingungen. Ab Lufttemperaturen unter 8 °C und Bodentemperaturen unter 5 °C verharren die Pflanzen nur noch, aber sie wachsen nicht mehr. Sie müssen also dafür sorgen, dass die Pflanzen im Herbst schon ordentlich groß sind. Das gelingt nur, wenn Sie die Setzlinge bereits im Frühsommer in die Erde bringen und dann gut pflegen.

Es gibt aber auch Salate, die frostverträglich sind. Weil sie relativ schnell erntereif werden, brauchen Sie diese Salate erst im Spätsommer pflanzen oder säen. Dazu zählen Feldsalat, Winterportulak, Pak Choi oder Zuckerhut.

Auch Wurzelgemüse wie Steckrüben, Schwarzwurzeln, Topinambur und Pastinaken können Sie im Winter in der Erde lassen und an frostfreien Tagen ernten, wenn der Boden offen, also aufgetaut ist.

Feldsalat kann man auch noch recht spät im Jahr pflanzen.

2. Erdmiete anlegen

Selbst nicht frosthartes Gemüse können Sie in der Winterzeit aus dem Garten holen. Mit einem Trick: der Erdmiete. Die ist für alle interessant, die keinen kühlen Keller haben, in dem sie ihr bereits geerntetes Gemüse lagern können.

Im Prinzip handelt es sich bei der Erdmiete um ein Loch, in dem Gemüse frostsicher gelagert werden kann. Hier legen Sie Ihre Kartoffeln, Möhren oder Rote Bete in Sand ein. Immer eine Schicht Sand, dann das Gemüse, wieder Sand, wieder Gemüse und wieder Sand. Obendrauf kommt eine dicke Schicht Stroh und dann verschließen Sie die Erdmiete mit Holzbrettern. Immer, wenn Sie etwas brauchen, holen Sie sich Ihr Gemüse aus Ihrem so angelegten frostsicheren Gartenlagerplatz. Das Gemüse hält sich dort bis ins Frühjahr hinein.

Wenn Ihre Erde Ihnen nicht stabil genug erscheint und die Wände der Miete ständig abzubröckeln drohen, können Sie Ihr Erntegut auch in einer Kiste verstauen, die Wände der Miete mit Brettern stützen oder mit Ziegelsteinen hochmauern. Ich habe auch schon eine alte Waschmaschinentrommel in mein Erdloch versenkt und darin das Gemüse gelagert (siehe Bildstrecke rechts). So eine Trommel hat den Vorteil, dass sie nicht rostet, weil sie aus Edelstahl ist. Außerdem hat sie von sich aus bereits Löcher, sodass Luft an das Gemüse kommen kann und es nicht zu schwitzen beginnt und womöglich verschimmelt.

Wie Sie es auch machen, der Aufbau für das Gemüselager bleibt immer gleich: Sand, Gemüse, Sand, Gemüse, Sand und obendrauf Stroh.

Mit Hilfe von Erdmieten haben sich unsere Vorfahren schon vor Jahrtausenden über den Winter gerettet. Wenn etwas sich vor so langer Zeit bewährt hat, warum sollte es für uns in der Jetztzeit nicht auch gut sein?

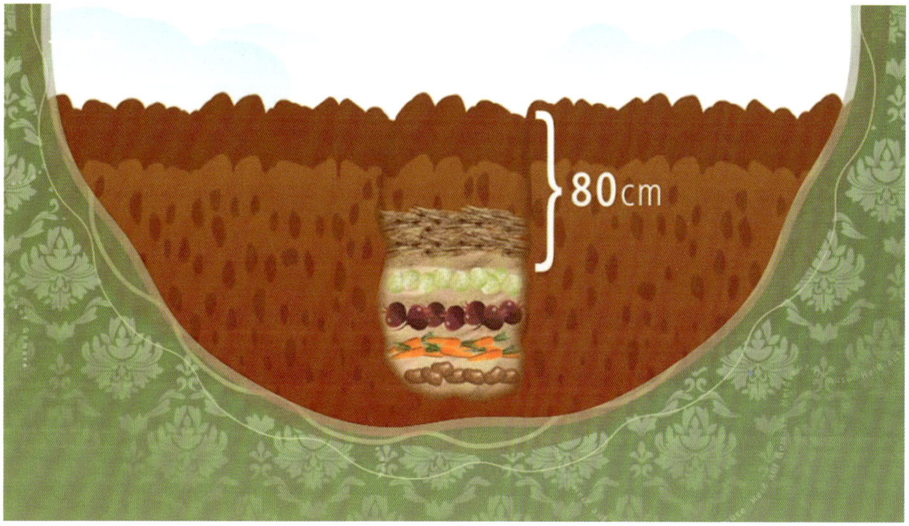

Querschnitt einer Erdmiete. Die oberste Schicht schützt das Gemüse vor Frost.

Funktioniert wunderbar als Erdmiete: eine alte Waschmaschinentrommel (siehe rechts).

Expertentipp

Woher kommt das Wort Erdmiete?

Die Erdmiete hat nichts mit der „Miete“ zu tun, die man etwa für seine Wohnung bezahlen muss. Das Wort stammt ab von dem lateinischen ‚meta‘, was ‚Kegel‘ bedeutet. Die Menschen haben früher außer den kleinen Erdmieten vor allem große Mieten oberirdisch oder leicht eingesenkt am Feldrand angelegt. Diese Mieten hatten einen kegelförmigen Querschnitt. Hier wurde Gemüse, vor allem Rüben, gelagert und mit Erde und Stroh abgedeckt. Diese oberirdischen Mieten wurden solange genutzt, bis der Winter Einzug hielt. Der Rest kam dann in die Scheune, den Hauskeller oder in eine Erdmiete. Auch heute noch kann man im ländlichen Raum große oberirdische Mieten zur Zeit der Ernte von Zuckerrüben, Möhren oder anderem Wurzelgemüse entdecken.

3. Vlies und Stroh

Wenn Sie kälteempfindliches Gemüse in Ihrem Garten haben und es ist Frost angesagt, müssen Sie nicht gleich hektisch werden und sofort alles ernten.
Leichte Frosttemperaturen bis minus 4 °C können Sie durch eine Abdeckung mit Vlies abhalten. Das funktioniert im Herbst mit ausgewachsenem Gemüse genauso gut wie im Frühjahr mit jungen und besonders empfindlichen Setzlingen. Vlies bekommen Sie in jedem Gartenmarkt. Damit der Wind ihn nicht wegweht, fixieren Sie den Stoff am besten mit ein paar Steinen oder etwas Erde.
Im Frühjahr legen Sie möglichst dünnes lichtdurchlässiges Vlies auf, denn die Pflanzen brauchen für ihr Wachstum noch viel Licht. Das Vlies können Sie dann drauf lassen, bis die Temperaturen im Frühjahr zuverlässig über Null bleiben. Keine Sorge, die wachsenden Pflänzchen drücken den nur locker aufgelegten Stoff dann einfach nach oben.
Wenn stärkerer Frost droht, legen Sie auf das Vlies noch eine Schicht Stroh. Die müssen Sie im Frühjahr aber möglichst bald wieder runternehmen, damit Ihre Pflänzchen wieder Licht bekommen. Im Herbst können Sie das Stroh drauf lassen oder auch ein dickeres Wintervlies verwenden. Denn die Pflanzen dürften ja eh schon ausgewachsen sein und es geht nur noch darum, die Erntezeit etwas zu verlängern.
So können Sie auch im Spätherbst noch Kopfsalate aus Ihren Beeten holen, ohne dass Sie ein Frühbeet oder gar Gewächshaus brauchen.

Vlies lässt Wasser und Licht durch, hält Kälte ab.

Schutz im zeitigen Frühjahr.

Großer, stabiler Frühbeettunnel.

4. Frühbeet

Ich habe ein Frühbeet für mein Freibeet und einen Frühbeetaufsatz für mein Hochbeet. So kann ich im zeitigen Frühjahr anfangen zu gärtnern und Setzlinge ausbringen, ohne Angst haben zu müssen, dass mir in einer kalten Nacht alles erfriert. Genauso verwende ich das Frühbeet oder den Aufsatz auch als Spätbeet, also im späteren Verlauf des Gartenjahres, um so die Erntezeit zu verlängern.

Das Schöne an einem Frühbeet ist, dass es nicht nur Frost abhält und Ihre Pflanzen überleben lässt, sondern dass es das Pflanzenwachstum auch noch fördert. Unter der Abdeckung, die aus Glas, Kunststoff oder Folie bestehen kann, bildet sich in der milden Frühjahres- oder Herbstsonne ein Kleinklima, die sogenannte gespannte Luft. Die Luft im Frühbeet erwärmt sich und die Feuchtigkeit steigt an. Wärme und Feuchtigkeit können aus dem geschlossenen Raum nicht entweichen und bilden so ein Klima, das die Pflanzen zum Wachstum anregt.

Aber aufgepasst: Man kann es auch übertreiben. Es darf nicht zu heiß werden. Wenn die Luft im Innenraum sich über 25 °C erwärmt, sollten Sie das Frühbeet lüften. Abends muss es natürlich wieder geschlossen werden, sonst kriecht der Frost hinein. Ein bisschen Beobachtung und vielleicht auch ein Thermometer, das ist also angesagt. Sonst dünsten Sie womöglich Ihr Gemüse bereits im Frühbeet.

Frühbeete gibt es in großer Auswahl und aus vielerlei Material. Hier gilt das gleiche wie bei der Auswahl von Werkzeug. Wollen Sie Freude daran haben, sollten Sie lieber etwas auswählen, das nicht schon beim Anschauen auseinanderfällt. Ich habe einen Frühbeettunnel, der von einer Firma hergestellt wird, die im Hauptgeschäft Foliengewächshäuser für den Profianbau produziert. Dementsprechend stark sind die Streben und auch die Folie hält nicht nur eine Saison. Natürlich hat das seinen Preis, aber nach mühseligen Erfahrungen mit unterschiedlichen, mehr oder weniger klapprigen Supermarktvarianten möchte ich nichts anderes mehr haben.

Den Aufsatz für mein Hochbeet habe ich übrigens selbst gebaut. Mir blieb auch nichts anderes übrig, weil mein Hochbeet Marke Eigenbau ist und für diese Maße einfach nichts Passendes am Markt zu finden war. Aber ich bin mit meiner Arbeit zufrieden, mein Aufbau hält nun schon viele Jahre.

5. Gewächshaus

Ein Gewächshaus kann richtig Spaß machen. Wenn es ein gutes Gewächshaus ist. Als ich meinen Kleingarten übernahm, stand dort bereits eines von meinem Vorgänger. Richtig schick war es nicht, aber ich habe mich trotzdem darüber gefreut und gleich versucht, Gemüse in dem Gewächshaus anzubauen. Aber irgendwie wollte es nicht richtig klappen. Bei näherer Betrachtung wurde mir klar, warum. **Schauen Sie mal auf das Bild (oben). Kommen Sie darauf, was das Problem gewesen sein könnte?**

Richtig: Die Folie war das Problem. Sie ließ viel zu wenig Licht durch. Und genau das ist ein entscheidender Faktor. Ich wollte das Gewächshaus ja nicht nur im Sommer verwenden, wenn die Sonne hochsteht und intensiv scheint. Sondern vor allem dann, wenn die Sonne schwach ist, nur kurz scheint und dabei kaum hochkommt. Also im zeitigen Frühjahr und späteren Herbst. Das wenige vorhandene Licht muss dann aber auch möglichst komplett bei den Pflanzen ankommen. Denn jeder Sonnenstrahl wird benötigt: Um das Haus aufzuwärmen und um durch die Lichtenergie das Wachstum der Pflanzen zu ermöglichen.

Strohlager im alten Gewächshaus.

Wenn Sie sich ein Gewächshaus kaufen, sollten Sie deshalb unbedingt darauf achten, was für eine Folie bzw. welcher Kunststoff oder welches Glas dafür verwendet wird. Das steht normalerweise in der Beschreibung. 80 bis 90 % Lichtdurchlässigkeit sind erstrebenswert. Sauberes Glas oder Folie lassen maximal 92 % durch. Aber auch nur bei senkrechtem Lichteinfall. Kunststoffplatten mit Luftkammern lassen etwas weniger durch, haben dafür eine bessere Isolierung. Wenn zu wenig Licht durch Glas oder Kunststoff dringen kann, macht es das den Pflanzen und damit Ihnen unnötig schwer. Das bedeutet wiederum, dass Sie aber auch bei bester Glas- und Folienqualität immer darauf achten sollten, dass die transparenten Oberflächen sauber sind.

Ich benutze mein altes, vom Vorgänger übernommenes Gewächshaus inzwischen nur noch als Lagerplatz für Stroh, das ich zum Abdecken oder Mulchen fast ganzjährig verwende. Demnächst werde ich mir allerdings ein neues Gewächshaus leisten. Wahrscheinlich wird es ein Foliengewächshaus, vom Typ her ähnlich wie mein Frühbeet, weil diese Konstruktionen leicht aufzubauen und trotzdem stabil sind.

Wenn Sie sich auch ein Gewächshaus anschaffen möchten, überlegen Sie, ob Sie den Untergrund vielleicht etwas ausschachten wollen. Viele Gewächshäuser haben keine Stehhöhe. Wenn Sie aber zumindest den Weg in der Mitte etwas tiefer legen, können Sie im Gewächshaus bequem stehen, was viele Arbeiten deutlich angenehmer macht.
Was es sonst noch für den künftigen Gewächshausgärtner zu bedenken gibt, erklärt Martin Krumbein auf der folgenden Seite.

Expertentipp

So macht das Gewächshaus Freude

Wenn man im Garten ein Kleingewächshaus oder ein stabiles Folienzelt hat, kann man bei etlichen Gemüsearten die Saison im Freiland deutlich verlängern. Denn hier lässt sich die Wintersonne noch etwas besser einfangen.

So lassen sich noch im Spätherbst oder schon im zeitigen Frühjahr frische Salate, Radies oder Mairübchen ernten. Am besten ist es natürlich, wenn man für den Notfall einen elektrischen Heizschlauch zur Verfügung hat. Aber der Reihe nach...

Bevor man ein Gewächshaus baut, ist immer zu überlegen, in welchem Zeitraum und wofür man dieses Gewächshaus nutzen will.

Saison beginnt früher

Häufig erfolgt eine Nutzung im zeitigen Frühjahr und/oder im Herbst mit den Kulturen, die im Sommer im Freiland wachsen, wie Salaten und anderen Frischgemüse. Daneben bietet es sich im Frühjahr natürlich auch für die Jungpflanzenanzucht an. Und dazwischen im Hochsommer können im Gewächshaus je nach Bedarf Gurken, Tomaten oder ähnliches kultiviert werden. Solche Kleingewächshäuser werden häufig mit einem Grundbeet angeboten, in das man direkt pflanzen und säen kann. Andere haben einen gepflasterten oder betonierten Untergrund, hier kann der Anbau in Kübeln erfolgen.

Sehr oft werden die Gewächshäuser in den eigentlichen Wintermonaten nicht genutzt, weil sie keine entsprechende Heizung haben.

Die Nutzung eines Gewächshauses im Garten setzt voraus, dass man praktisch täglich vor Ort ist.

Das ist notwendig, weil ein erfolgreicher Anbau von Gemüse im Gewächshaus nur gelingt, wenn man täglich die Temperaturführung im Haus durch Auf- und Ablüften zum richtigen Zeitpunkt optimiert und auch die notwendige Bewässerung realisieren kann. Gerade kleine Häuser von wenigen Quadratmetern Grundfläche können sich bei Sonne schnell aufheizen. Dann ist rasches Reagieren durch Lüften, Schattieren und Bewässern notwendig, um Pflanzenschäden zu vermeiden. Um das Hausklima zu verbessern, können außerdem Bewässerungsdüsen im Dachraum für eine zusätzliche Befeuchtung angebracht werden.

Besser mit Dachlüftung

Die typischen Kleingewächshäuser haben oft nur eine sehr geringe Lüftungsfläche. Man sollte auf jeden Fall darauf achten, dass Lüften nicht nur durch das Öffnen der Tür erfolgt, sondern dass auch eine Dachlüftung vorhanden ist.

Bei Folienzelten gibt es eine Form der Lüftung, bei der Teile der Folie an der Stehwand aufgerollt oder hochgeschoben werden. Wenn diese Lüftung direkt vom Boden aus geöffnet wird, muss man damit sehr vorsichtig sein. Das trifft besonders dann zu, wenn es nach kalten Nächten einen sonnigen Tag gibt. Wenn man die Lüftung dann zu früh öffnet, weil die Sonne schon recht warm erscheint, kann es passieren, dass die noch sehr kalte bodennahe Luft direkt in den unteren Bereich des Folienhauses eindringt und die Pflanzen schädigt.

Insgesamt ist beim Anbau von Gemüse im Gewächshaus viel Erfahrung und eine ständige Wetterbeobachtung notwendig. Das Wachstum ist deutlich schneller und stärker, aber Fehler bei der Kulturführung, wie zu wenig Wasser und zu spätes oder zu frühes Lüften, können sich ebenfalls drastisch auswirken.

Gartentraum

Mein Garten wird mich nähren
Nichts braucht ich zu entbehren
Entbeeren werd dagegen schon
Ich des Strauches bunten Lohn
Und der Erde starke Kraft
Gibt mir der Kartoffelsaft!

In der Kron des Apfelbaumes
Ist die Heimat meines Traumes
Dort bau ich mir ein Wolkenschiff,
Geb den Gedanken meinen Schliff
Reise durch die Wünschewelt
Alles ist, wie es mir gefällt

Weder Obst noch Gemüse müsst ich kaufen
Bräuchte nur in meinen Garten laufen
Ich wünscht es ja so sehr
Ach wie schön das doch wär
Ist der Wunsch in weiter Ferne?
Sagt es mir, ihr fernen Sterne!

Und ich harke, säe, pflanze
Behalte stets den Blick fürs Ganze
Auf dass der Traum, der in mir flirrt
Irgendwann zur Wahrheit wird

Jörg Heiß

4.

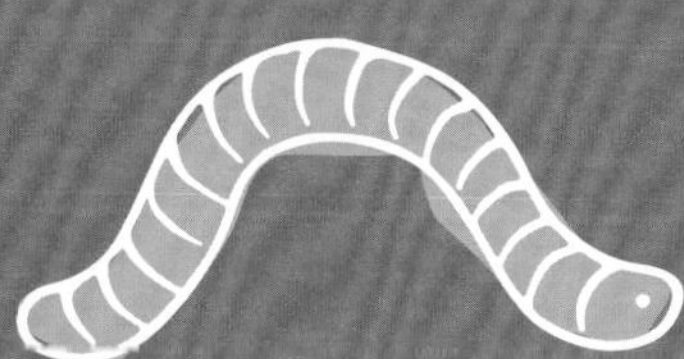

Freund und Feind

im Gemüsebeet

Schädlinge und andere ungebetene Gäste

Im politisch korrekten deutschen Sprachraum gibt es natürlich gar keine „Schädlinge". Das klingt abwertend. Das möchte man nicht. Alle Lebewesen haben schließlich ein Recht darauf zu existieren und dann logischerweise auch ein Recht darauf, sich zu ernähren. Dass sie das in diesem Falle von unserem mühevoll gehegten Gemüse tun, ist das Problem. Das Problem für uns.

Es ist wie so oft eine Frage der Perspektive. Für uns ist zum Beispiel die Nacktschnecke ein Schädling, weil sie unseren Salat anknabbert. Für eine Nacktschnecke sind aber wir der Schädling. Schließlich futtern wir ihr den Salat weg. Zerstören ihre Gelege. Jagen sie bei Tag und Nacht. Versuchen sie zu fangen und zu vergiften. Dabei will sie doch nichts anderes als wir alle. Leben.

Bekommen Sie schon Mitleid? Vielleicht ist das gar nicht so schlecht. Einmal kurz innehalten und darüber nachdenken, was sich da eigentlich tut im Gartenreich. Ein Überlebenskampf, ein Kampf um Nahrungsmittel und um den Fortbestand der Art.

Ja gut, werden Sie sagen, aber warum muss das alles ausgerechnet bei mir passieren? Können denn Nacktschnecken und Co nicht wo anders hin und sich dort vollfuttern und vermehren? Ja, können sie. Und das werden sie auch, wenn Sie es den ungebetenen Gästen so unangenehm wie möglich machen. Dafür gibt's ein paar Ideen, die wir jetzt mal durchgehen, anhand der im Gemüsegarten am meisten unerwünschten Spezies. Nacktschnecken, Erdflöhe und Blattläuse.

NACKTSCHNECKENALARM
AN MEINEM GEMÜSE!

Nacktschnecken

Die schleimigen Kriecher kommen in der Abenddämmerung aus ihren Verstecken, denn in der Kühle und Feuchtigkeit des Abends fällt ihnen die Fortbewegung leichter. Aus dieser Beobachtung leiten sich mehrere Bekämpfungsmaßnahmen ab.

Absammeln: Sie gehen in der Abenddämmerung in Ihren Garten und lesen die Schnecken vom Gemüse oder von den Wegen ab. Tragen Sie dabei am besten wasserundurchlässige Handschuhe oder nehmen Sie etwas zu Hilfe, sodass Sie die Tiere nicht unbedingt anfassen müssen. Die sind wirklich sehr glitschig. Schauen Sie auch unter Steine und Bretter, denn das sind beliebte Schneckenverstecke. An einem Abend habe ich einmal über 100 Nacktschnecken gesammelt!
Nach so einer erfolgreichen Nacktschneckenernte stellt sich aber die Frage: Wohin damit? Wenn Sie die Schnecken einfach im Sammel-Eimer sich selbst überlassen und hoffen, dass sich das Problem von allein löst, werden Sie feststellen, dass die Schleimer tatsächlich am nächsten Morgen alle verschwunden sind. Leider sind sie aber am nächsten Abend alle wieder in Ihrem Beet. Also müssen Sie die Nacktschnecken nachhaltig entsorgen. Das ist allerdings ein gruseliges Geschäft. Manche Gärtner zerschneiden sie mit der Schere, manche übergießen sie mit kochendem Wasser oder salzen sie ein, sodass sie sich zu Tode schleimen. Alles nicht schön. Und schon gar nicht jedermanns Sache. Meine auch nicht. Wenn Sie also eine verträglichere Lösung finden, geben Sie mir unbedingt Bescheid!

Raumgreifende Feuchtigkeit vermeiden: Schnecken bewegen sich gerne dort, wo es schön feucht ist. Anstatt Ihr Beet also mit dem Viereck- oder Kreiselregner zu gießen oder mit der Gießkanne mit aufgesetzter Tülle, verlegen Sie lieber Tropfschläuche. Die geben ihr Wasser genau dahin, wo es gebraucht wird, an den Fuß der Pflanze. Und sie verbrauchen dabei noch wesentlich weniger Wasser. Je weniger Oberfläche in Ihrem Garten befeuchtet wird, desto schwerer haben es die Schnecken, sich fortzubewegen, denn trockene Oberflächen machen ihnen zu schaffen. Sie verbrauchen dann sehr viel Schleim. Und das verringert ihren Bewegungsradius.
Wenn Sie keine Tropfschläuche verlegen wollen, dann schauen Sie, dass Sie Ihren Garten möglichst nur morgens gießen. So ist Ihr Beet bis abends zur Schneckenzeit wieder abgetrocknet.

Eine Barriere schaffen: Sie können einen Schneckenzaun um Ihr Beet bauen. Den gibt es aus Metall oder Plastik. Wichtig ist, dass er oben einen Winkel hat, sodass die Schnecken beim Hochklettern kurz über Kopf hängen würden. Das mögen sie gar nicht, sie kommen so nicht über die Barriere und Ihr Gemüse bleibt verschont. Einzelne Pflanzen können Sie auch mit Schneckenschutzringen (Foto unten) schützen. Das sind quasi rundgebogene Schneckenzäune, die eine Pflanze einhegen.

Von den nun folgenden Schneckenhindernissen haben mir Kollegen aus der Gartenredaktion begeistert erzählt. Selbst ausprobieren konnte ich die Tipps zwar noch nicht. Aber ich will sie Ihnen jetzt auch nicht vorenthalten, vielleicht ist ja was für Sie dabei:

Schafwolle: So soll eine Barriere aus ungewaschener, unbehandelter und trockener Schafwolle die schleimigen Kriecher abhalten. Irgendetwas an der trockenen Wolle – die feinen Härchen, das Fett oder der Geruch – gefällt ihnen offenbar nicht.
Kräuter: Auch stark riechende Kräuter wie Rosmarin, Thymian, Lavendel, Knoblauch oder Minze mögen Nacktschnecken anscheinend nicht. Sie können sie zur Abschreckung als Beetumrahmung oder auch im Beet verteilt pflanzen oder getrocknete Kräuter um die zu schützenden Pflanzen verteilen.

Tagetes: Den Geruch und Geschmack von Tagetes, der Studentenblume, lieben Nacktschnecken hingegen. Wenn Sie die um Ihr Gemüsebeet herum aussäen, sieht das nicht nur hübsch aus. Mit etwas Glück schützen Sie Ihr Gemüse auf diese Weise auch vor Schneckenfraß. Denn das Getier futtert sich zunächst an den Blümchen satt. Dort können Sie die Schnecken absammeln, bevor diese sich zum Gemüse vorarbeiten.

Schneckenkorn: Wenn alles nichts nützt oder nicht praktikabel erscheint, bleibt Ihnen noch das Schneckenkorn. Allerdings möchte der biologisch orientierte Gärtner den Einsatz chemischer Stoffe im Garten gern vermeiden. Allein schon, um zu verhindern, dass möglicherweise Spuren davon im Gemüse landen.

Nun gibt es Schneckenkorn, das verspricht, biologisch abbaubar zu sein, sodass es nicht von den Pflanzen aufgenommen wird. Außerdem soll es nur Schnecken schädigen und für anderes Getier unbedenklich sein. Aber passiert den Igeln wirklich nichts, wenn sie die vergifteten Schnecken futtern? Was ist mit den hübschen behausten Weinbergschnecken und den Tigerschnegeln? Beide fressen die Gelege der Nacktschnecken und deren Jungtiere und helfen damit die Schneckenflut einzudämmen. Und sie haben dabei wenig Appetit auf Ihr Gemüse. Interessanter finden sie Pilze und abgestorbene Pflanzenteile. Aber fressen sie eben nicht doch vielleicht auch die Schneckenkörner?
Falls Sie den Tigerschnegel nicht kennen, der ist eine heimische Nacktschnecke, die eine tigermusterähnliche Zeichnung hat. Viel seltener anzutreffen als die rote spanische Wegeschnecke. Aber durch ihren Schneckeneierappetit ist sie wertvoll für den Gemüsegarten. Wenn Sie einen dieser Schnegel sehen, lassen Sie ihn leben. Er ist Ihr Freund und ein gern gesehener Gast.

Letztendlich kann ich Ihnen zum Gebrauch von Schneckenkorn keine klare Empfehlung geben. Ich bin kein Chemiker und auch kein Biologe, der das alles bis ins Letzte analysieren könnte. Im Zweifelsfalle würde ich alles, was mich nicht hundertprozentig überzeugt, weglassen. Aber letzten Endes müssen Sie selbst entscheiden. Es ist Ihr Garten und Ihr Gemüse. Es ist Ihre Freiheit. Sie sind der Chef auf Ihrer eigenen Scholle.

Achtung. Kein Schädling, sondern Nützling: Tigerschnegel.

Erdflöhe – die "Heuschrecken" Mitteleuropas

Vor ein paar Jahren hatte ich mir an einer Samenbörse ein paar Samen vom Sibirischen Blattkohl besorgt, Setzlinge daraus gezogen und diese in mein Hochbeet gepflanzt. Sie entwickelten sich prächtig. Doch eines schönen Frühsommertages kam ich zum Hochbeet und wunderte mich über die Löcher im Blattwerk und die vielen seltsamen schwarzen Punkte auf der Pflanze. Ich fasste die Blätter an und alle Punkte hüpften wie verrückt durch die Gegend. Als ich Martin Krumbein davon erzählte, wusste er sofort, was in meinem Hochbeet vor sich ging.

Mein Kohl war vom Erdfloh befallen. Genauer: vom Kohl-Erdfloh. Und zwar auf einen Schlag von riesigen Schwärmen, die einen sehr großen Appetit hatten. Tatsächlich war der komplette Kohl innerhalb von wenigen Tagen kahlgefressen. Um das ganze Treiben zu verstehen, muss man wissen, dass die etwa drei Millimeter kleinen, schwarzglänzenden Insekten gar keine Flöhe sind. Sie heißen nur so, weil sie wie ein Floh hüpfen können. Aber es sind Käfer, ausgestattet mit starken hinteren Sprungbeinen. Aus dem Stand können sie so bis zu einem halben Meter weit springen. Doch sie können auch fliegen! Das erklärt, wie so viele Käfer so schnell an meinen Kohl kommen konnten. Aber es war mir immer noch völlig rätselhaft, woher die Kohl-Erdflöhe so plötzlich kamen.

Martin Krumbein erklärte mir, dass die Erdflöhe normalerweise in Scharen auf den Rapsfeldern sitzen und sich dort vollfressen. Sobald der Raps aber zu alt und zu hart wird, suchen sie sich ein zarteres Umfeld. Wenn ein Garten in der Nähe ist und der Besitzer nicht vorgesorgt hat, kommen die Erdflöhe gerne zu Besuch. Dabei fressen sie allerdings nicht wahllos alles, denn Kohl-Erdflöhe sind Spezialisten für Kreuzblütler. Gefährdet sind also vor allem Kohl, Kohlrabi, Radies, Rettich, Kresse, Rucola, Pak Choi und Asiasalate. Es gibt auch Erdflöhe, die Hanf oder Nachtschattengewächse bevorzugen. Von denen wurde mein Garten bislang aber verschont.

Besonders groß ist die Erdfloh-Invasions-Gefahr übrigens in trockenen Jahren, denn der Erdfloh liebt Trockenheit, während er mit Nässe nicht gut zurechtkommt.

Ist der Befall erstmal da, können Sie nicht mehr viel tun. Sie können noch versuchen, die Käfer mit einer Pflanzenjauche aus Rainfarn und Wermut zu vertreiben, wenn Sie gerade welche vorrätig haben. Oder Sie bestäuben die Pflanze mit Algenkalk oder Gesteinsmehl. Aber der Schlüssel zum Schutz liegt in der Vorbeugung: Ein engmaschiges Netz von maximal 0,8 mm Lochgröße muss rechtzeitig, am besten schon im April, über die zu schützende Pflanze gelegt werden. Das Netz muss rundum mit Steinen oder Erde beschwert werden, sodass es kein Durchkommen für die hüpfenden Krabbler mehr gibt. Ein solches Schutznetz bekommen Sie in jedem gut geführten Gartenmarkt.

Erdflöhe am Asiasalat.

Hilft: ein Erdflohschutznetz.

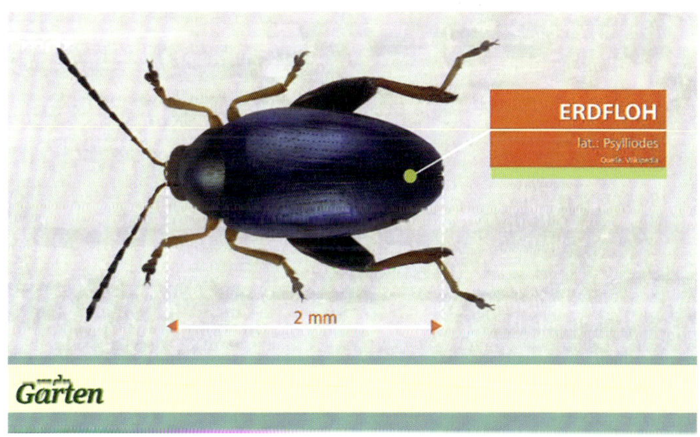

Der Erdfloh ist ein Käfer.

Blattläuse

In welchem Garten gibt es keine Blattläuse? Ich kenne nicht einen. Auch bei mir fühlen sie sich wohl. Ganz besonders an der Cardy, einer Verwandten der Artischocke. Aber nur so lange die Cardypflanze jung und zart ist. Hat sie ihre Jugendzeit hinter sich gebracht, erledigt sich das Blattlausproblem von allein, die Läuse kommen mit ihren Saugrüsseln nicht mehr in die zu dickwandig gewordenen Blattadern.
Doch so lange muss die Pflanze durchhalten. Wie man sie bis dahin unterstützen kann, dazu findet man allerlei Tipps und Rezepte in der Literatur oder im Internet. Meist geht es darum, die befallenen Stellen mit verschiedenen Lösungen bzw. Jauchen zu besprühen.

Dafür gibt es eine reichhaltige Auswahl:
Rapsöl und Spülmittel, Neemöl, Schmierseife und Spiritus, Rainfarn und Wermut, Brennnessel, Ackerschachtelhalm, Adlerfarn, Zwiebel und Knoblauch, Rhabarberblatt, Molke, schwarzer Tee, Kartoffelwasser.
Mein Rat: Probieren Sie alles aus, das Ihnen hilfreich und umsetzbar erscheint, und schauen Sie, was bei Ihnen am besten hilft. Sie werden bei diesen Methoden kaum alle Läuse besiegen bzw. beseitigen können. Das müssen Sie aber auch gar nicht. Es reicht, wenn Sie der Pflanze etwas von ihrem Leidensdruck nehmen und sie gleichzeitig gut mit Wasser und Nährstoffen versorgen. Dann ist die Pflanze in der Regel selbst in der Lage, mit dem Befall fertig zu werden.

Stellvertretend für die vielen oben angesprochenen Hausmittel hier das Rezept für Brennnesseljauche, die Sie als Dünger zur Pflanzenstärkung, aber auch zur Bekämpfung von Blattläusen einsetzen können:

Brennnesseljauche

- Brennnesseln abmähen und einen Eimer zu drei Vierteln damit füllen.
- Mit Wasser bis zum Rand auffüllen und zugedeckt zwei bis drei Wochen stehen lassen.
- Zwischendurch immer mal umrühren.

Die Jauche fängt an zu gären und entwickelt einen unangenehmen Geruch. Dagegen helfen ein paar Löffel Urgesteinsmehl.

Verwenden Sie die Brennnesseljauche niemals unverdünnt, sondern nur im Verhältnis 1:10, also ein Teil Jauche und neun Teile Wasser. Bei der Verwendung an Jungpflanzen sogar nur im Verhältnis 1:20.
Sie können mit der verdünnten Jauche die befallenen Stellen besprühen und die Blattlauspopulation stören. Aber Sie können die Pflanze auch damit gießen. Die enthaltenen Mineralien helfen, Ihre Pflanze zu stärken.

Eine weitere Möglichkeit, der Blattlausplage Herr zu werden, ist es, Nützlinge in Ihrem Garten zu fördern. Bei Blattläusen helfen Ihnen besonders der Marienkäfer und seine Larven. Die haben richtig Appetit auf Läuse. Wie Sie Nützlinge fördern, anlocken oder gar selbst ansiedeln, lesen Sie gleich im anschließenden Kapitel „Nützlinge".
Sie möchten aber lieber jetzt sofort aktiv werden, ohne auf Nützlinge warten zu müssen und ohne erst wochenlang eine stinkende Jauche anzusetzen? Dann können Sie auch versuchen, die Blattläuse mit einem scharfen Wasserstrahl aus dem Gartenschlauch weg zu spritzen. Wenn die Läuse erstmal auf dem Boden gelandet sind, kommen sie nicht zurück auf die Pflanze, zu eingeschränkt sind ihre Kletterfähigkeiten. Wenn keine der erwähnten Maßnahmen hilft, schneiden Sie die befallenen und unrettbar erscheinenden Pflanzenteile ab und entsorgen sie im Restmüll. Dennoch müssen Sie immer dranbleiben, die betroffene Pflanze regelmäßig kontrollieren und gegebenenfalls wieder einschreiten.
Soweit zu den bei mir am häufigsten vorkommenden Herausforderungen. Damit Sie sich auch gegen viele andere ungebetene Gartengäste wappnen können, hat Martin Krumbein eine übersichtliche Tabelle zusammengestellt (siehe nächste Seite).

Expertentipp

Wichtige Schaderreger im Gemüsebau und Abhilfemöglichkeiten

Schaderreger	Schaden	Abhilfe
Saugende Schaderreger		
Blattläuse mit sehr vielen Arten z. B. Schwarze Bohnenblattlaus, Grüne Erbsenblattlaus, Grüne Gurkenblattlaus, Mehlige Kohlblattlaus, Möhrenblattlaus, Salatblattlaus	Saugschäden an jungen Blättern, Blüten und Trieben, seltener auch an den Wurzeln, Deformationen an Blättern und Trieben, Wachstumsstörung, zusätzlich: Pilzbefall auf den Ausscheidungen (Honigtau)	Nützlinge fördern, bei starkem Befall chem. Bekämpfung nötig
Mottenschildläuse = Weiße Fliege; Kohlmottenschildlaus an allen Kohlarten besonders bei Kohlrabi, Rosenkohl, Grünkohl, Wirsing Gewächshausmottenschildlaus an Gurken, Tomaten, Paprika	Eigelege, Larven und Vollinsekten an der Blattunterseite, Saugschäden an Blättern, helle Flecken, schnelle Vermehrung, Rußtaupilze auf den Ausscheidungen der Insekten	Netzabdeckung der Kohlbeete, im Gewächshaus Nützlinge fördern oder einsetzen
Thripse (Blasenfüße) befallen sehr viele Arten, oft in großer Menge, großer Befallsdruck zu Beginn der Getreideernte	Larven und adulte Tiere sind sehr schmale Insekten, Saugschäden an Blättern, Knospen, Früchten, helle silbrige Flecken, verkrümmte Blätter und Blüten, verformte Früchte	Im Gewächshaus Nützlinge fördern/einsetzen, im Freiland bei Befallsbeginn Netzabdeckung
Spinnmilben an Gurken, Tomaten und Bohnen	Saugschäden an den Laubblättern, führen zu gelblich-weißen Flecken, später werden sie braun und die Blätter sterben ab, Gespinste an der Blattunterseite, lieben Wärme und Trockenheit	Luftfeuchte im Gewächshaus kontrollieren, im Gewächshaus Raubmilben einsetzen

Wühlmausloch

Raupe Kohlweißling

Weiße Fliege

Schaderreger	Schaden	Abhilfe
Beißende Schaderreger		
Gemüsefliegen, mehrere Arten Kohlfliege, Möhrenfliege, Zwiebelfliege, Porreeminierfliege	Fliege legt Eier bei oder an den Wirtspflanzen ab, Maden dringen in die Pflanzen ein, Fraßschäden im Strunk, den Blättern, Pflanzen mit Kümmerwuchs, können absterben	Abdeckung mit Vlies oder Netz, Eiablage überwachen
Kohlerdfloh an Kreuzblütlern, wie Kohlarten, Radies, Rettich, Rucola, Kresse, kreuzblütrigen Wildkräutern	Bei geringem Befall Lochfraß in unteren Blättern, bei starkem Befall Kahlfraß des gesamten Laubes	Überwachung des Zufluges, Netzabdeckung
Rapsglanzkäfer an Kreuzblütlern, wie Kohlarten, Radies, Rettich, Rucola, Kresse, kreuzblütrigen Wildkräutern	Fraßschäden an Herzblättern des Kohls und an den Köpfen von Blumenkohl und Brokkoli	Überwachung des Zufluges, Netzabdeckung
Drahtwürmer an Kartoffeln und Wurzelgemüse	Larven von Schnellkäfern, fressen Gänge in Knollen und Rüben	Auf befallenen Flächen kein Wurzelgemüse anbauen
Rüsselkäfer an Kohlarten, z. B. Kohltriebrüssler	Käfer mit langgezogenem Kopf, Larven fressen an Blattstielen und in Kohlrabiknollen, Verformungen, welke Blätter, Herzlosigkeit	Befall überwachen
Kohlweißling an Kohlarten	Raupen fressen an Blättern, bei starkem Befall Kahlfraß und starke Verschmutzung	Abdeckung mit Vlies oder Netz
Weitere Falter an Kohl, Erbsen, Porree, Mais und anderen Arten, Erbsenwickler, Kohlmotte, Lauchmotte, Kohl- und Maiszünsler, Kohleule, Gammaeule, Gemüseeule	Nacht- und dämmerungsaktive Falter, oft versteckt lebend, fressen an Blättern, Lochfraß am Kopfkohl und den Blättern vom Porree, Erbsenwickler in den Hülsen	Befallsüberwachung
Erdraupen an Möhren, Rettich, Salat und Jungpflanzen	Große Raupen von Faltern, wie Wintersaateule, Große Hausmutter, leben versteckt im Boden, Fraß an Wurzeln oder nachts an Blättern, rollen sich bei Berührung zusammen	Befall überwachen, Raupen findet man an feuchten Stellen, z. B. unter einer halbierten Kartoffel

Raupen rechtzeitig absammeln...

...bevor sie alles abgefressen haben

Die Blattlaus

Weißt Du wo die Blattlaus wohnt
Wo es sich zu suchen lohnt
Dieses kleine Saugetier
Mit seiner riesengroßen Gier?

Wohnt sie denn da unten
Auf dem Boden drunten
Oder haust sie oben
Auf dem Baume droben?

Sucht Sie denn Erfahrung?
Nein, sie will nur Nahrung.
Sucht sie etwa Liebe?
Nein, sie will nur Triebe!

Denn sie will der Pflanze Saft
Raubt ihr all die ganze Kraft
Saugt so lang
Bis die erschlafft

Das will ich verhindern
Das Saugen schnell behindern.
Tausend Rezepte finde ich
Manches klingt gar wunderlich:

Knoblauchtee, Rhabarberblatt -
macht die Übeltiere platt
Rainfarn, Nessel und Wermut -
gehn als Stinke-Jauche gut
Adlerfarn, Kartoffelwasser -
das vermischt der Blattlaus-Hasser
Schmierseife und Spiritus -
und mit Saugen ist bald Schluss?

Da nehme ich den Wasserstrahl
Und spritz sie einfach weg
Ihr macht mir nicht die Pflanze kahl
ich spül Euch in den Dreck!

Und kommt mir ja nicht wieder
Nehmt eure ganzen Kumpels mit
Sonst mach ich euch alle nieder
Mit einem radikalen Schnitt.

Jörg Heiß

Nützlinge

In Ihrem privaten Gemüsegartenreich haben Sie einen unglaublichen Vorteil gegenüber einem Profi-Gemüsegärtner. Sie können experimentieren, ausprobieren, scheitern, daraus lernen und immer wieder neu anfangen, ohne dass Sie sich Sorgen machen müssten, dass jemand deswegen verhungert. Für einen Profi-Gemüsegärtner stellt sich das anders dar. Er übernimmt mit seiner Berufung zum Gärtner auch die Verantwortung für die Ernährung von sehr vielen Menschen. Und das ist eine gesamtgesellschaftlich relevante Herausforderung, die weit über die für jeden Profi ohnehin anstehenden wirtschaftlichen Überlegungen hinausgeht. Hier müssen die Faktoren also so eingestellt werden, dass am Ende ein möglichst zuverlässig kalkulierbarer Ernteerfolg ansteht.
In Ihrem eigenen Gemüsegarten können Sie aber viel befreiter agieren. Und so möchte ich Ihnen empfehlen, auszuprobieren, ob Sie es schaffen, ohne Pflanzenschutzmittel zurecht zu kommen.
Wenn Sie es schlau anstellen, gärtnern Sie dabei nicht allein, sondern haben ganz viele Gartenhelfer an Ihrer Seite. Igel, Marienkäfer, Ohrwurm und Co tragen dazu bei, das natürliche Gleichgewicht in Ihrem Garten aufrecht zu halten, so dass keine Tier- bzw. Insektenart überhandnimmt. Und das bedeutet: Sie haben weniger zu tun, weil Ihre Nützlinge helfen, die Schädlinge im Zaum zu halten.

GLÜCKLICHE HUMMEL
IM NATURNAHEN GARTEN.

Doch erst einmal müssen Sie dafür sorgen, dass die Nützlinge gerne bei Ihnen sind, in dem Sie es ihnen so angenehm wie möglich machen.

Schauen wir uns aber zunächst an, wer Ihnen im Gemüsegarten überhaupt helfen kann. Martin Krumbein hat hier eine spannende Übersicht zusammengestellt:

Nützling	gegen Schaderreger	Bemerkungen
Marienkäfer	Blattläuse, Schildläuse, z.T. auch Spinnmilben	Käfer und Larven leben räuberisch
Weichkäfer	kleine Insekten	Käfer leben auf Blütenständen (oft Doldenblütler), die Larven im Boden
Laufkäfer	Schnecken, Drahtwürmer, Engerlinge, Kartoffelkäfer, Raupen	Finden sich in der schattigen, feuchten Streuschicht am Boden
Hornissen	Wespen u.a. Insekten	
Schlupfwespen	Blutläuse, Blattläuse, Schmetterlingseier, Weiße Fliege	Legen ihre Eier in die Wirte ab
Zehr-, Erz-, Brackwespen	Eier, Raupen, Insekten	Larven leben in den Wirten
Schwebfliegen	Blattläuse	Larven leben bei Blattlauskolonien
Räuberische Gallmücken	Blattläuse	Larven saugen Läuse aus
Raupenfliegen	Raupen, Käfer, Wanzen, Pflanzenwespen	Larven leben parasitisch in den Wirten
Heuschrecken	Kleine Insekten	Larven und ausgewachsene Tiere leben von pflanzlicher und tierischer Nahrung
Florfliegen	Blattläuse, Raupen, Milben	Larven leben räuberisch
Raubwanzen	Blattläuse, Blattwespen, Blattsauger, Milben, kleine Raupen	

Unter Verwendung der Broschüre: „Nützliche Insekten im Garten" TLLLR, 2020

Das heißt also mit Marienkäfer, Florfliege, Laufkäfer, Igel, Vogel, Schwebfliege, Schlupfwespe, Spinne, Hummel, Grabwespe, Tausendfüßler, Gallmücke und vielen mehr haben Sie die Möglichkeit, sich eine stattliche Truppe an freundlichen Gartenhelfern zusammenzustellen. Und die können ordentlichen Appetit entwickeln. Im Laufe seines Lebens kann ein kleiner Marienkäfer bis zu 100.000 Blattläuse vertilgen, so heißt es! Wenn Sie irgendwann also einmal Langeweile im Garten verspüren, können Sie ihm ja ein bisschen beim Futtern zuschauen, mitzählen und die Zahlen überprüfen – es würde mich sehr interessieren, ob das stimmt.

Was braucht aber so ein bemerkenswert fleißiger Nützling, damit er sich wohlfühlt?

Rückzugsmöglichkeiten: Zunächst mal eine möglichst natürliche Umgebung. Schlechte Karten haben hier alle Freunde einer ordentlichen, reinlichen und bis in den letzten Winkel aufgeräumten Gartenlandschaft. Denn Nützlinge brauchen Verstecke und Lebensräume. Das sind zum Beispiel Haufen aus Laub, Reisig, Holz und Steinen. Die sollten möglichst in Ruhe gelassen werden, damit sich die Tiere dort einnisten können. Solche wilden Ecken zuzulassen, fällt manchem Gärtner schwer. Aber vielleicht ist es viel leichter, wenn man weiß, wozu es gut sein kann, etwas weniger ordentlich zu sein.

Laub sollten Sie möglichst liegen lassen bzw. nur vom Rasen entfernen. Es dient als Überwinterungsquartier, genauso wie die hohlen Stängel der abgestorbenen Stauden. Die sollten Sie also auch über den Winter stehen lassen.

(Winter)quartiere: Wenn Sie Ihre Gartenhelfer mit zusätzlichem Komfort locken wollen, bieten Sie Ihnen einen kleinen Sandhaufen, eine Wasserstelle,

v.l. Holzbiene, Marienkäferlarve, Marienkäfer, Regenwurm, Nützlingspaket per Post.

Trockensteinmauern, Wildbienenhotels, Hummelpensionen, Vogelnist- und Fledermauskästen. Sie können auch mit Holzwolle gefüllte Tontöpfe in die Bäume hängen, das lieben zum Beispiel die Ohrwürmer.

Nahrung: Blütenreiche Wiesen, Hecken, Beete und Bäume geben den Nützlingen Nahrung, denn auch ein Marienkäfer lebt nicht von der Laus allein. Wenn mal Lausknappheit herrschen sollte, freut er sich über leckere Pollen und bleibt so bis zum nächsten Garteneinsatz bei Kräften.

Verzicht auf Chemie: Erfolg werden Sie bei all dem nur haben, wenn Sie weitestgehend auf den Einsatz von chemischen Pflanzenschutzmitteln verzichten. Und wenn Sie nicht bei der ersten weißen Fliege am Kohlblatt in Panik geraten. Ein gewisser Schädlingsbefall hilft Ihnen sogar dabei, Nützlinge anzulocken.

Nachhilfe: Nützlinge im Internet bestellen

Jetzt haben Sie Ihren Garten also schön naturnah und einladend eingerichtet. Dann fehlen Ihnen nur noch die Nützlinge. Die kommen von ganz allein. Aber bis es sich zwischen Grauwicht, Lederlaufkäfer und Waldblumenwanze herumgesprochen hat, dass es bei Ihnen schön ist, dauert es eine Weile. Wenn Sie nicht so lange warten wollen, helfen Sie ein bisschen nach und bestellen Nützlinge im Internet. Sie werden staunen, was Sie alles finden, wenn Sie nur mal „Nützlinge bestellen" in die Suchmaschine tippen. Oder Sie suchen zuerst nach „Listen von Nützlingen" und gehen dann so ausgestattet zielgenauer auf die Jagd. Sie haben es nicht so mit dem Internet? Kein Problem. Fragen Sie im Gartenmarkt nach, dort werden ebenfalls Nützlingspakete angeboten. Sind direkt vor Ort keine mehr erhältlich, bestellen Ihnen die Mitarbeiter sicher gerne das Gewünschte.

Expertentipp

Biologischer Pflanzenschutz – Nützlinge fördern im Garten

In den vergangenen 20 Jahren haben sich beim Pflanzenschutz im Gartenbau deutliche Veränderungen vollzogen – sowohl beim Erwerbsgartenbau als auch im Hobbybereich. Im gesamten EU-Raum erfolgte eine Veränderung des Zulassungsverfahrens für Pflanzenschutzmittel und die Einführung eines Sachkundenachweises für alle Personen, welche im Profibereich Pflanzenschutzmittel anwenden, handeln (abgeben) und in diesem Bereich beraten.
Ziele dieser Entwicklung sind ein verbesserter Anwenderschutz und eine deutliche Verringerung des chemischen Pflanzenschutzes. Dies wird erreicht durch eine Verringerung der zugelassenen Wirkstoffe und schärfere Auflagen zum Umwelt- und Naturschutz.

Wie werden die Nützlinge eingesetzt?

Vor diesem Hintergrund erlangte der biologische Pflanzenschutz eine zunehmende Bedeutung.
Es wurden verschiedene Verfahren des Einsatzes von Nützlingen zur Bekämpfung von Schaderregern entwickelt.
Dazu gehören:

- 1. Der Einsatz von Nützlingen zur Bekämpfung von Schaderregern im Gewächshaus ist ein etabliertes Verfahren mit vielen Möglichkeiten. Die Zucht der Nützlinge wird in verschiedenen Fachfirmen durchgeführt und ihr Einsatz im Gewächshaus ist im Erwerbsgartenbau weit verbreitet. Für den Erfolg der Maßnahme sind regelmäßige Kontrollen des Auftretens von Schaderregern und der Wirkung des Nützlingseinsatzes (Erfolgskontrolle) erforderlich. Außerdem ist sie zumeist teurer als der herkömmliche Pflanzenschutz.

Vorteile des Nützlingseinsatzes: Schonung schon vorhandener Nützlinge, keine Rückstände von Pflanzenschutzmitteln an Pflanzen und Erntegut, keine Wartezeiten für die Ernte nach der Anwendung, keine Gefahr der Resistenzbildung und keine Auflagen vom Gewässerschutz.

- 2. Der Einsatz von Nützlingen in Gewächshäusern von Hobbygärten oder bei Zimmerpflanzen in der Wohnung ist ebenfalls gut möglich. Verschiedene Firmen bieten entsprechende Kleinpackungen von Nützlingen an.
- 3. Der Einsatz von Nützlingen im Freiland (Ackerbau, Gemüsebau, Obst- und Weinbau) ist bisher auf relativ wenige Anwendungen bei den Hauptkulturen beschränkt. Hier wird derzeit intensiv nach weiteren Möglichkeiten geforscht.
- 4. In den Gärten kommen verschiedene Tierarten vor, die sich von Insekten ernähren und so auch eine große Menge Schadinsekten vertilgen können. Dazu gehören solche bekannten Tiergruppen wie Vögel, Fledermäuse, Igel, Spinnen, Kröten und andere Lurche sowie Spitzmaus und Maulwurf.

Daneben gibt es auch eine ganze Reihe von räuberisch lebenden Insekten, die nicht so bekannt sind, die aber auch größere Mengen von Schadinsekten vertilgen können.
Die Förderung dieser Antagonisten ist ein geeignetes Mittel, um im Hobbygarten auftretende Schaderreger an den Kulturpflanzen zu reduzieren. Dazu ist es notwendig, die verschiedenen Stadien der Nützlinge, z. B. die Larven und ihre Lebensweise, zu kennen und ihnen geeigneten Lebensraum anzubieten.

Maßnahmen zur Förderung der Wildinsekten sind:

- Schaffung und Erhalt von Überwinterungsmöglichkeiten und Rückzugsgebieten: Totholz- und Steinhaufen, Hecken, Laubhaufen, Mulchmaterial, Zwischen- und Untersaaten in den Beeten, Staudenrückschnitt erst im Frühjahr
- Wasser und Nistgelegenheiten (Holz, Lehm, Strohbündel) bereitstellen
- Aussaat von Wildblumenmischungen mit pollen- und nektarreichen Pflanzen v. a. Doldenblütler und Korbblütler
- Geringe Vorkommen von Blattläusen als Nahrungsquelle für Nützlinge tolerieren
- Möglichst keine chemischen Pflanzenschutzmittel anwenden, nur nützlingsschonende Präparate

MARIENKÄFER SIND UNBEZAHLBARE HELFER BEI DER BLATTLAUSBEKÄMPFUNG.

Krankheiten

Sie kennen das bestimmt: Wir sind am anfälligsten für Krankheiten, wenn wir uns schwach fühlen. Wenn wir zu wenig schlafen, uns über lange Zeit falsch ernähren und uns dann auch noch viele Kranke anhusten, hat der Schnupfen leichtes Spiel. Sind wir dagegen fit, stark und voller Energie, ist das Risiko einer Infektion deutlich geringer.

Genauso ist es auch bei den Pflanzen. Sie sind am widerstandsfähigsten, wenn sie von uns alles bekommen, was sie für eine gute Entwicklung brauchen. Wenn sie am richtigen Standort wachsen dürfen und wenn möglichst wenig Krankheitskeime auf sie einwirken.

Diese lauern aber überall. Alles Mögliche schwebt in der Luft und wuselt in der Erde. Pilzsporen, Keime, Bakterien, Viren. Das ist zunächst einmal kein Problem. Treffen die Keime und Sporen aber auf ideale Bedingungen, vermehren sie sich rasch und machen es der betroffenen Pflanze schwer.

Ein Beispiel: Wissen Sie warum Stabtomaten möglichst unter einem Dach gezogen werden sollten? Damit sie es schön warm haben? Damit der Regen nicht die prallen Früchte platzen lässt? Ja, auch, aber der eigentliche Grund ist die Vorbeugung gegen die gefürchtete Kraut- und Braunfäule. Ein Pilz, der die Pflanzen in kurzer Zeit verwelken lässt.

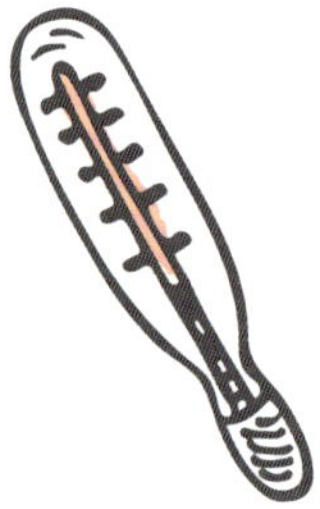

DAS BAKTERIUM PSEUDOMONAS VERURSACHT BEI TOMATEN DIE TÜPFELSCHWÄRZE.

Und das Ernüchternde: Die Gefahr kommt vom Gemüsegärtner selbst! Wegen der speziellen Anforderungen, die Stabtomaten stellen. Sie müssen nämlich ausgegeizt werden. Das heißt, aus den Blattachseln müssen die frischen Seitentriebe, die sogenannten Geiztriebe, herausgeknipst werden. Damit die Kraft nicht in die meist unfruchtbaren Seitentriebe geht, sondern in möglichst viele und große Früchte. Durch das Ausgeizen entstehen aber immer kleine Wunden an der Pflanze. Wenn sie im Trockenen unter einem Dach steht, kann sie sich selbst helfen und verschließt die Wunden schnell wieder. Wenn man sie aber im Regen stehen lässt, werden ihre Blätter und Stängel feucht und die Pilzsporen, die in der Luft herumschwirren, können darauf haften bleiben. Entsteht dann eine Wunde, können die Sporen schnell eindringen, durchwuchern die Pflanze und zerstören sie von innen heraus.

Also, spätestens damit ist eines klar: Vorbeugen ist besser als heilen. Wie Sie Ihre Pflanzen stärken und fit halten können, steht im Kapitel „Pflanzen stärken“ (ab Seite 149). Die dort aufgeführten Tipps kann ich Ihnen sehr ans Herz legen.

Was aber, wenn die Pflanze nun trotzdem krank wird? Auch das kann passieren. Als erste Hilfe nutzt es oft schon, die erkrankten Pflanzenteile zu entfernen und im Restmüll zu entsorgen.

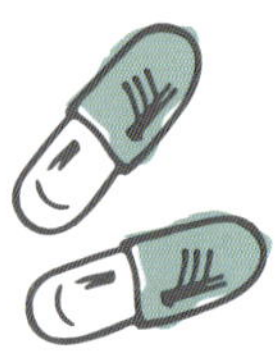

Wie man Krankheiten erkennt und was im Fall der Fälle zu tun ist, hat Martin Krumbein auf den folgenden drei Seiten zusammengestellt.

Mit Sclerotinia befallener Weißkohl: das Pilzgewebe bildet sich auf abgestorbenen Blättern.

Expertentipp

Krankheiten erkennen und bekämpfen

An dieser Stelle sollen noch einige allgemeine Hinweise zum Auftreten von Krankheiten bei Gemüse folgen. Die beste Vorbeugung vor einem Krankheitsbefall sind gesunde und gut ernährte Pflanzen, denn geschwächte Pflanzen sind gegenüber Krankheiten besonders anfällig.

Symptome erkennen

Um eine mögliche Krankheit am Gemüse zu erkennen, sollte man wissen, welche Krankheiten an den verschiedenen Arten auftreten können und wie deren Symptome an den Pflanzen aussehen. Wer hier nicht sattelfest ist, sollte sich dafür einen kundigen Beistand besorgen oder eine der verfügbaren Apps, wie „Pflanzendoktor", „Plantix" u. a. nutzen.

Das ist deshalb so wichtig, weil es an den Pflanzen auch abiotische Schäden mit ähnlichen Schadbildern gibt. Solche Schäden können durch Einflüsse wie Frost, Hitze, Sonnenbrand, Wind, starken Regen, Hagel, Nässe, Trockenheit, Nährstoffmangel oder -überschuss, hohen Salzgehalt, ungünstigen pH-Wert u. a. hervorgerufen werden.

Beispiel: Kalziummangel bei Tomaten

Ein typisches Beispiel für einen solchen abiotischen Schaden kennen alle, die in ihrem Garten Tomaten anbauen. Da erscheint plötzlich ein schwarzer Fleck auf der Unterseite der Tomatenfrüchte. Diese Erscheinung wird „Blütenendfäule" genannt. Geht man der Sache auf den Grund, stellt man fest, dass dies gar keine durch Pilze oder Bakterien hervorgerufene Fäule ist, sondern der Mangel an Kalzium in den Früchten, der dort das Gewebe eintrocknen und absterben lässt. Da dies immer unten an den Früchten auftritt, wo vorher die Blüte war, hat sich der Name „Blütenendfäule" eingebürgert. Diese Erscheinung ist nicht ansteckend und die Früchte können (bis auf den schwarzen Teil) auch gegessen werden.

Die Blütenendfäule tritt besonders bei heißer Witterung und knapper Wasserversorgung auf, wenn die Pflanzen, um zu überleben, den Wasserstrom in ihrem Inneren drosseln. Um möglichst wenig Wasser durch die Verdunstung zu verlieren, schließen die Pflanzen die Spaltöffnungen der Blätter und manchmal werden die Blätter auch eingerollt. Dadurch wird dann auch der Nährstofftransport zeitweise gedrosselt. Wechselt die Witterung, hört das Problem wieder auf.

Gut zu wissen

Bei der Kraut- und Braunfäule zeigen sich ebenfalls dunkle Stellen auf den befallenen Früchten. Allerdings befinden sich diese Flecken fast immer auf dem oberen Teil der Frucht, sodass eine Verwechslung mit der Blütenendfäule wenig wahrscheinlich ist.

Nur wenn man eine Schadursache richtig erkennt, kann man die passenden Maßnahmen ergreifen. Das kann eine Bodenlockerung, die bessere Versorgung mit Wasser und Nährstoffen oder der Einsatz von Pflanzenstärkungsmitteln sein. Zur direkten Bekämpfung von Krankheiten an Gemüse gibt es zudem einige für den Hobbyanbau zugelassene Pflanzenschutzmittel.

Expertentipp

Wichtige Krankheitserreger im Gemüsebau und Abhilfemöglichkeiten

Krankheit	Schadbild	Vorbeugung & Abhilfe
Pilzliche Schaderreger		
Keimlingskrankheiten Phoma bei Kohl, Rhizoctonia bei Radies, Tomate, Pythium bei Gurke, Bohne, Fusarium an Bohne, Tomate	Umfallkrankheit, Fußkrankheit, schlechtes Auflaufen, Einschnürungen am Wurzelhals (Schwarzbeinigkeit), Keimlinge fallen um, Wurzeln sterben ab	Hygiene bei der Anzucht, gesundes Saatgut, Paletten und Töpfe desinfizieren, Aussaat in kaltes Substrat vermeiden, Gießwasser anwärmen
Echter Mehltau besonders bei Gurke, Zucchini, Erbse, Salat	Weißer oberflächlicher Belag auf der Oberseite der Blätter, befällt viele Arten, besonders bei warmem, trockenen Wetter und im Gewächshaus	Auf genügend Pflanzabstand achten, N-Gaben begrenzen, im Gewächshaus befallene Pflanzen ausputzen
Falscher Mehltau besonders bei Kohl, Radies, Salat, Gurke, Erbse, Zwiebel	Blattoberseite mit gelblich-braunen Flecken, unterseits weißer Pilzrasen, Blätter sterben ab, Radies, Rettich schwarze Flecken an den Knollen, häufig bei feuchtem Wetter und mäßigen Temperaturen, Infektionen ab dem Frühjahr durch Sporen im Boden, Übertragung mit dem Wind	Fruchtfolge beachten, Anbaupausen bei Wirtspflanzen, bei der Saatgut- und Jungpflanzenwahl Resistenzen nutzen, bei Frühkulturen von Kohlrabi, Radies, Salat Folie bzw. Vlies bei kräftigen Pflanzen und frostfreier Witterung entfernen
Kohlhernie bei Kohlarten	Schleimpilz im Boden, Wurzeln bilden starke Verdickungen, Feinwurzeln sterben ab, Pflanzen mit Kümmerwuchs welken und sterben ab	Fruchtfolge einhalten, befallene Flächen beachten, pH-Wert über 7,2 halten, Unkräuter (Kreuzblütler) entfernen, Werkzeug reinigen
Alternaria Blattflecken an Kohlarten, Möhre, Porree, Tomate	Kohlschwärze: Runde schwarze Flecken mit hellen Ringen am Kohllaub, Blätter sterben ab Dürrflecken bei Möhre: trockene braune Flecken an Blattstielen und Spitzen, Blätter sterben ab	Häufig im Herbst zu beobachten, wird vom Saatgut übertragen und auf dem Beet von Regen, Wind und Kulturarbeiten verbreitet, kranke Pflanzen und Erntereste entfernen
Sclerotinia Fäulen an vielen Arten, wie Bohne, Gurke, Salat, Paprika, Tomate, Möhre, Petersilie, Sellerie, Zwiebel	Faulstellen am Stängel, oft an Nodien (Blattknoten), dort weißes Pilzgeflecht und dunkle linsen- bis bohnengroße Pusteln (Sclerotien – Dauersporen) bei intensivem Anbau und besonders im Gewächshaus	Fruchtfolge einhalten! Auf genügend Pflanzabstand achten, N-Düngung begrenzen, krankes und abgestorbenes Pflanzenmaterial entsorgen, auf Sclerotien achten, zu hohe Luftfeuchte im Gewächshaus vermeiden

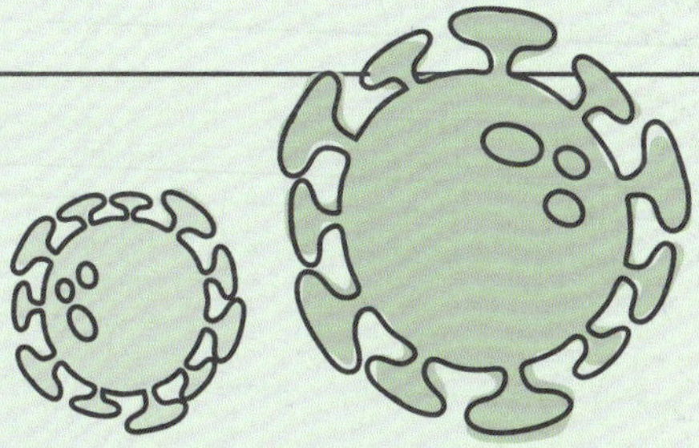

Krankheit	Schadbild	Vorbeugung & Abhilfe
Phytophthora Kraut- und Braunfäule an Tomate Kraut- und Knollenfäule an Kartoffel	Graugrüne, später braune Flecken auf den Blättern und genauso gefärbte harte Stellen an den Früchten, Blätter verwelken an der Pflanze, bei Nässe verfaulen Blätter und Früchte Der Stiel bleibt oft noch grün, es können sich aber auch große braune Flecken bilden, die ihn komplett umfassen	Pilzsporen brauchen Feuchtigkeit zur Infektion der Pflanzen Vorbeugende Maßnahmen: auf genügend Pflanzabstand achten, Tomatenpflanzen vor Nässe schützen mit Foliendach oder geschützten Plätzen an der Hauswand, regelmäßige Pflanzenpflege, untere Blätter entfernen, Seitentriebe ausbrechen, große Wunden vermeiden
Grauschimmel Botrytis an vielen Arten	Glasige Flecken, später braune faulige Stellen an Blättern, Stängeln, Blüten, Früchten mit grauem Pilzrasen, Triebe und Blätter welken, feuchte Wärme und wenig Licht fördern den Befall	Schwächeparasit, befällt kranke und abgestorbene Pflanzenteile, auf Hygiene achten, kranke oder verletzte Pflanzenteile entfernen
Viren		
Viren	Häufig sind Einzelpflanzen betroffen und zeigen zum Beispiel deformierten Wuchs oder Verfärbungen der Blätter; Blattläuse können Viren übertragen	Keine Bekämpfung möglich, befallene Pflanzen entfernen, auf Blattläuse als Überträger achten
Bakterien		
Bakterien Xanthomonas bei Kohl, Pseudomonas bei verschiedenen Arten	Verschiedene Blattkrankheiten und Fäulen	Keine Bekämpfung möglich

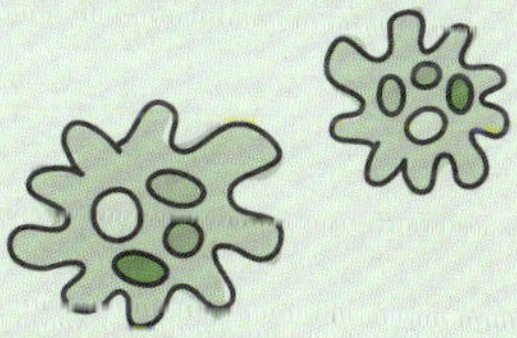

Unkraut, Beikraut oder Wildkraut?

Ob eine Pflanze als Unkraut, Beikraut oder Wildkraut gesehen wird, hängt wie so oft von der Perspektive des Betrachters ab. Im Prinzip bezeichnet jeder dieser Begriffe dasselbe: Pflanzen, die wir auf unseren Beeten weder gepflanzt noch gesät haben. Die aber trotzdem kräftig wachsen und sich ausbreiten und damit unserem Gemüse Konkurrenz machen.

Wenn der Gärtner drei Wochen in den Urlaub fährt, sieht man es den Beeten an. Es hat viel Zeit gekostet, alles wieder sauber zu bekommen (rechts oben). Künftig hilft Unkrautvlies, für Ordnung zu sorgen (rechts unten).

Genau das ist das Hauptproblem am Unkraut/Wildkraut/Beikraut. Löwenzahn, Giersch, Ackerwinde, Vogelmiere, Quecke und ihresgleichen nehmen unserem Gemüse Wasser und Nährstoffe weg. Da die hiesigen Wildkräuter viel besser an die hier herrschenden Klima- und Wachstumsbedingungen angepasst sind, werden sie gegen das Kultur-Gemüse immer gewinnen. Es sei denn, wir nehmen die Wildkräuter aus dem Spiel.

Und das sollten Sie auch möglichst frühzeitig und vor allem regelmäßig tun. **„Lässt einmal Du das Unkraut stehn, musst sieben Jahre jäten gehn."** Das ist ein Gärtnerspruch, den mir Martin Krumbein in meiner Anfangszeit gleich ans Herz legte. Das heißt, wenn Sie an der Unkrautbeseitigung nicht dranbleiben, brauchen Sie sehr lange, um die einmal entstandene Problematik wieder zu entschärfen. Also jäten Sie. Ist übrigens gar nicht so schwer. Und kann sogar Spaß machen.

Unkraut jäten geht am einfachsten mit einem sogenannten Unkrautstecher. Das zumindest ist meine langjährige Erfahrung. Ein Unkrautstecher ist eine lange, metallene Klinge an einem Griff. Damit können Sie tief in die Erde eindringen und das Übel mitsamt der Wurzel beseitigen. Die ganze Wurzel bekommen Sie trotzdem meistens nicht raus, denn die zähen Kräutlein schaffen es, dass immer irgendein Fitzelchen in der Erde hängen bleibt, aus dem sie dann eine neue Pflanze treiben können. Deshalb: Immer schauen, ob etwas nachkommt, und dann schnell wieder zupfen.

Unverzichtbar: der Unkrautstecher.

Jäten hat viele Vorteile

Das Jäten hat übrigens viele positive Nebeneffekte. Durch die Bodenbearbeitung lockern Sie die Erde und sorgen für eine bessere Belüftung, was Ihre Pflanzen mögen. Außerdem kann das Regen- oder Gießwasser besser in lockere Erde eindringen als in festgebackene Kruste. Da läuft es einfach nur drüber. Und weil Sie beim Jäten durch das Gewühle im Boden die Bodenkapillaren zerstören, sorgen Sie im selben Arbeitsgang gleich noch dafür, dass die eingedrungene Feuchtigkeit länger im Boden bleibt. Bodenkapillaren nennt man die feinen Röhren, die sich in der Erde bilden und die die Verdunstung von Wasser fördern. Das ist im Gemüsebeet aber nicht erwünscht.

Nach dem Jäten können Sie mit einer kleinen Hacke noch einmal durchs Beet gehen. Falls Sie doch ein Kräutchen übersehen haben sollten, stören Sie es durch diesen Arbeitsgang in seiner Entwicklung und machen es ihm damit schwer, sich in Ihrem Beet zu etablieren.

Das Unkrautzupfen hat für mich außerdem noch einen anderen interessanten Nebeneffekt. Bei der recht eintönigen Arbeit fangen meine Gedanken an zu fließen und alle möglichen Ideen entwickeln sich. So sind die meisten meiner kleinen Gartengedichte beim Jäten entstanden.

Bevor Sie sich nun begeistert ans Jäten machen, sollten Sie ein paar Dinge beachten, um nicht gleich wieder die Lust daran zu verlieren.

Jäten Sie nur, wenn der Boden es zulässt! Bei meinem lehmigen Lößboden zum Beispiel gibt es nur ein enges Fenster, in dem er sich bearbeiten lässt. Ist er zu trocken, dann ist er hart wie Beton. Ist er zu feucht, dann klebt er dermaßen an Werkzeug und Handschuhen, dass man einfach nur ganz schnell davonlaufen will. Aber nicht kann. Weil man selbst festklebt. Oder ausrutscht.

Ganz schnell sollten Sie aktiv werden, wenn Sie sehen, dass ein unerwünschtes Wildkraut in Blüte geht. Haben sich erstmal Samen gebildet, verhundertfacht sich das Problem für Sie in kurzer Zeit. Widmen Sie sich allerdings regelmäßig der Unkrautentfernung, werden Sie gar kein blühendes Beikraut in Ihrem Beet entdecken können.

Ob nun Beikraut, Wildkraut oder Unkraut, auf jeden Fall finde ich es bewundernswert, mit wieviel Kraft diese Pflanzen immer wieder an die Oberfläche drängen, obwohl wir sie ständig in ihrer Entwicklung stören. „Unkraut vergeht nicht" ist ein gerne bemühter Spruch, wenn man über jemanden besonders Zähes redet, der trotz Rückschlägen immer wieder Stehaufmännchen-Qualitäten beweist.

Vielleicht sollten wir versuchen, von der Kraft der Wildkräuter zu profitieren, statt uns über ihre

Hartnäckigkeit zu ärgern. Dazu habe ich noch einen finalen Tipp für Sie:

Essen Sie Ihr Unkraut einfach auf!

Die jungen zarten Blättchen von Löwenzahn, Giersch und Vogelmiere eignen sich wunderbar als Zugabe für einen schmackhaften Salat. Sie stecken voller Vitamine und Mineralstoffe, die Sie in dieser Zusammensetzung und Intensität so schnell nirgends finden. Versuchen Sie es mal. Nicht umsonst werden seit Alters her viele Wildkräuter auch als Heilkräuter verwendet. Darüber könnte man ein eigenes Buch schreiben. Vielleicht genügt es Ihnen aber für den Anfang, ein bisschen im Internet nach Wildkräutersammeltipps und Rezepten zu stöbern und sich dort Appetit zu holen.

Schmeckt süß: die Löwenzahnblüte.

Unkrautsalat mit Löwenzahn und Giersch.

5.

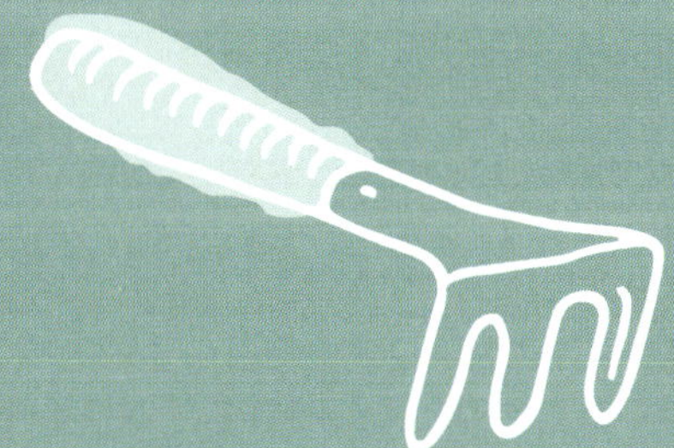

Gut gepflegt ist halb geerntet

Pflanzen stärken

Pflanzen, die nicht krank werden, muss man nicht aufwändig heilen. Da starke Pflanzen seltener krank werden, liegt es im Interesse des Gärtners, dafür zu sorgen, dass er seine Pflanzen stärkt, wo und wie es nur geht. Denn vorbeugen ist besser als heilen.

MEIN GANZER STOLZ: GESUNDER, KNACKIGER SALAT IN MEINEM BEET!

Um Pflanzen stark und robust zu machen, gibt es mehrere Methoden:

- **a) Der Gärtner beachtet die Standortbedingungen seiner Pflanzen.**
- **b) Der Gärtner sucht Pflanzen aus, die bestmögliche Chancen haben, bei ihm zu gedeihen und schätzt dabei auch seine eigenen Möglichkeiten richtig ein.**
- **c) Der Gärtner versorgt seine Pflanzen zum richtigen Zeitpunkt mit den richtigen Nährstoffen, genügend Wasser und persönlicher Zuwendung.**
- **d) Der Gärtner verwöhnt seine Pflanzen nicht, sondern erzieht sie zu starken und widerstandsfähigen Gartengeschöpfen.**

Zu a) Der Gärtner beachtet die Standortbedingungen seiner Pflanzen.

Die Standortwahl ist die Grundlage des erfolgreichen Gärtnerns. Und ist im Prinzip recht einfach zu durchschauen:
Sonnenhungrige Gemüsearten wollen in die Sonne und feuchtigkeitsliebende wollen in feuchte Ecken. Gemüse, die viele Nährstoffe brauchen, pflanzt man in nährstoffreiche Beete und welche, die wenig Nährstoffe wollen, pflanzt man in magere Umgebung. Das war's schon.
Und woher wissen Sie, was Ihre Pflanzen möchten? Indem Sie auf das Zettelchen schauen, das beim Kauf dranhängt. Und wenn keines zu finden ist, schauen Sie ins Internet. Oder Sie fragen jemanden, der es weiß. Das mache ich am liebsten.
Als ich mit dem Gemüsegärtnern anfing, forderte Martin Krumbein mich auf, mir Gedanken zu machen, was ich gerne in meinem Gartenbeet hätte. Ich zählte auf: Süßkartoffeln, Auberginen, Physalis, Blumenkohl, Brokkoli…
Doch mein Gartenexperte stoppte mich sofort. Genau die aufgezählten Arten hätten bei mir im Garten wenig Chancen, gesund, kräftig und ertragreich zu gedeihen. Die drei Erstgenannten wollen richtig viel Sonne und brauchen dazu auch noch sehr lange, bis sie erntereif sind. Dafür ist die warme Jahreszeit in unseren Breiten oftmals zu kurz.
Blumenkohl und Brokkoli wollen außer Sonne noch viele Nährstoffe. Und Wasser. Und Zuwendung. Man muss sich also kümmern. Dafür bin ich als berufstätiger Familienvater aber nicht der Richtige. Bei mir muss Vieles nebenbei gehen. Das hat Martin Krumbein schon gleich am Anfang erkannt und mir deshalb von diesen anspruchsvolleren Arten abgeraten. Und damit wären wir bereits beim nächsten Punkt.

Zu b) Der Gärtner sucht Pflanzen aus, die bestmögliche Chancen haben, bei ihm zu gedeihen und schätzt dabei auch seine eigenen Möglichkeiten richtig ein.

Überlegen Sie sich genau, wieviel Zeit Sie aufwenden können und aufwenden wollen für die Pflege Ihrer Pflanzen. Engagierte Hobbygärtner sagen, man müsse jeden Tag mindestens eine halbe Stunde im Garten verbringen. Und zwar mit Arbeit, nicht etwa im Liegestuhl. Damit sieht es bei mir schon mal schlecht aus. **Ich bin froh, wenn ich es schaffe, meinem Kleingarten an zwei Tagen in der Woche einen Besuch abzustatten.**
Trotzdem wollte ich alle obengenannten Pflanzen, von denen mir Martin Krumbein abgeraten hatte, in meinem Garten ausprobieren. Was kam dabei heraus? Ein paar kümmerliche Knöllchen bei der Süßkartoffel, zwei winzige Auberginenzwerge und ganz viele grüne Physalis, die erfroren, bevor sie reifen konnten. Brokkoli und Blumenkohl wurden umschwärmt von weißen Fliegen und bildeten ledig-

Unreife Physalis.

Yacon pflanzen mit Gartenmoderator Jens Haentzschel.

lich bemitleidenswerte Strünke. Nicht etwa so einen hübschen kräftigen Kopf oder schöne Brokkolirosen, wie man sie aus dem Supermarkt kennt.

Welche Pflanzen haben denn gute Chancen unter diesen Bedingungen zu wachsen? Bei mir sind es Kartoffeln, Zucchini, Tomaten, Mangold, Rote Bete, Staudensellerie, Asiasalate, Rauke, Lollo Rosso und Bianco, Eichblattsalat, Kopfsalat, Rapunzel, Grünkohl, Blattkohl, Kohlrabi, Radieschen, Rettich, Cardy und noch viele weitere mehr.

Also mein Garten ist immer gut gefüllt, obwohl ich mich auf die einfacher zu kultivierenden Arten beschränke. Aber ich erlaube es mir trotzdem, sozusagen neben der Pflicht, mir auch eine Kür zu leisten. Und probiere immer wieder Neues und Fremdes aus. Bin dann allerdings auch nicht böse, wenn es nicht klappt.

Ich hatte letztes Jahr zum Beispiel eine Yacón (siehe Foto oben rechts), eine sogenannte Inkawurzel, im Pflanzenmarkt entdeckt. Laut Kurz-Beschreibung auf dem anhängenden Etikett sollte sie überall unkompliziert und kräftig wachsen und ihre Knollen gesund und schmackhaft sein.

Ob die Wurzelknollen der Inkas auch mir schmecken, konnte ich aber leider nicht prüfen. Denn in meinem Garten mickerte sie monatelang nur vor sich hin und als ich im Herbst ernten wollte, fand ich noch nicht mal ein Knöllchen in der Erde. Wahrscheinlich hat ihr mein schwerer Boden einfach nicht gefallen.

Bei nächster Gelegenheit probiere ich es mal in meinem Hochbeet, da ist die Erde jedenfalls schön locker, vielleicht kann sich die Inkawurzel da besser entfalten. Bin gespannt, ob es dann für eine Probemahlzeit reicht!

Zu c) Der Gärtner versorgt seine Pflanzen zum richtigen Zeitpunkt mit den richtigen Nährstoffen, genügend Wasser und persönlicher Zuwendung.

Auch wenn Sie eher selten in Ihren Garten gehen können, müssen Sie dafür sorgen, dass es Ihren Pflanzen an nichts mangelt. Ich mache das zum Beispiel mit technischer Hilfe. Ich habe eine Gießanlage. Die schließe ich im Frühjahr an und baue sie im Herbst wieder ab. Damit bin ich diese Sorge schon einmal los.

Damit die Pflanzen passend zu ihren Bedürfnissen genügend Nährstoffe haben, habe ich mir eine Vierfelderwirtschaft eingerichtet. Wie im Kapitel Anbaumethoden (siehe Seite 78) ausführlich beschrieben. Für die anderen Beete überlege ich mir bereits im Herbst, was ich im nächsten Frühjahr wo pflanzen will. Dann arbeite ich in die Beete, in die nährstoffhungrige Pflanzen kommen sollen, direkt beim Umgraben Stallmist oder Kompost ein. Auf diese Weise ist im Frühjahr alles bereit.

Die Pflanzen, die viele Nährstoffe fordern, versorge ich zudem übers Jahr hinweg immer wieder mit Kompostgaben oder Langzeitdünger, wie etwa Hornspänen (siehe Fotos unten). Die werden nur allmählich zersetzt und geben so über einen langen Zeitraum hinweg fortwährend Nährstoffe an den Boden ab.

Außerdem arbeite ich mit Pflanzenjauchen. Brennnesseljauche zum Beispiel. Die ist schnell und billig selbst herzustellen und hilft durch ihren Mineralgehalt die Pflanzen zu stärken. Das Rezept und Anwendungshinweise finden Sie im Kapitel „Freund und Feind" bei den Hinweisen, wie man mit Blattlausproblemen umgehen kann (Seite 122). Im Gartenmarkt finden Sie übrigens erstaunlich viele Mittelchen zur Pflanzenstärkung. Für erstaunlich viel Geld. Ein Liter Brennnesseljauche für 12 € ist keine Seltenheit. Ich behaupte mal, Sie brauchen das alles nicht. Wenn Sie Ihren Kompost und Ihre Pflanzenjauchen selbst herstellen und regelmäßig anwenden. Und alle hier erwähnten Hinweise zur Pflanzenstärkung beherzigen. Dazu gehört auch dieser Tipp:

Ich rede mit meinen Pflanzen. Das ist kein Scherz. Und ich glaube, es tut Ihnen gut. Ich denke, es funktioniert, weil das Reden eine Art Zuwendung ist. Man kann schlecht mit jemandem reden, wenn man ihn nicht anschaut. Wenn man aber hinschaut, sieht man auch was. Ob es der Pflanze gut geht oder nicht. Und wird aktiv. Zupft Welkes ab, lockert den Boden, nimmt Unkraut weg und gibt vielleicht noch eine extra Portion Dünger oder Wasser.

Ich glaube auch, dass die Berührung mit der Hand etwas mit den Pflanzen macht. Ich will jetzt nicht zu esoterisch werden, aber ich denke, wir können uns zumindest darauf einigen: **Zuwendung ist ein entscheidender Faktor für das Gedeihen Ihrer Schützlinge.**

Hornspäne einarbeiten

ICH REDE ...
... MIT MEINEN PFLANZEN ....
... UND MANCHMAL BIN
ICH DABEI AUCH ....
... EIN BISSCHEN STRENG ....
... UND SCHIMPFE
EIN WENIG ....
... ABER SIE
WISSEN, DASS ICH ....
... ES NUR GUT MIT
IHNEN MEINE!

Wenn es Ihnen nun aber zu peinlich sein sollte, mit Ihren Pflanzen zu reden, kann ich das verstehen. Was sollen auch die Nachbarn denken…? Aber vielleicht formulieren Sie den Dialog ja einfach nur im Kopf und Ihre Pflanze wird es trotzdem spüren, was Sie ihr sagen wollen. Ohren hat sie ja ohnehin nicht.

Zu d) Der Gärtner verwöhnt seine Pflanzen nicht, sondern erzieht sie zu starken und widerstandsfähigen Gartengeschöpfen.

Das ist eine meiner Lieblingsregeln. Weil sie meinem Gärtnerstil entgegenkommt. Die Pflanzen sollen sich ruhig ein bisschen Mühe geben. Und zum Beispiel ordentliche Wurzeln bilden, sodass sie auch mit trockenen Tagen klarkommen und nicht gleich schlapp machen. Meine Gießanlage stelle ich zum Beispiel so ein, dass sie nur alle drei Tage angeht, dafür aber eine ganze Stunde. Das ist auch etwas, das ich bei Martin Krumbein gelernt habe: Besser seltener, dafür aber intensiv und durchdringend wässern, als ganz oft und dafür nur oberflächlich und wenig.

Wenn Sie täglich, aber nur oberflächlich gießen, verpimpeln Sie Ihre Pflanzen. Sie verwöhnen sie. Die Pflanze lernt, dass es täglich Wasser gibt und streckt ihre Wurzeln erwartungsfroh der Oberfläche entgegen. Weil sie ja weiß, dass von dort das lebensnotwendige Nass in zuverlässiger Regelmäßigkeit kommt.

Damit machen Sie sich aber zum Gießsklaven Ihrer Pflanze. Denn wenn Sie einmal nicht da sind und die oberen Bodenschichten austrocknen, verdurstet Ihre Pflanze in wenigen Tagen. Und Sie haben ein schlechtes Gewissen. Weil Sie mal nicht gegossen haben. Und trauen sich nie wieder länger als nur einen Tag wegzufahren. Das kann aber wohl nicht das Ziel sein, oder?

Machen Sie es lieber anders. Erziehen Sie Ihre Pflanzen. Und das geht so:

Wenn Sie intensiv wässern und dafür aber nur alle paar Tage, lernt die Pflanze, dass sie ihre Wurzeln in die Tiefe strecken muss. Denn während in den oberen Schichten das Wasser schnell verdunstet, gibt es in den tieferen Schichten, die beim durchdringenden Wässern erreicht werden, immer noch Feuchtigkeit. So bildet Ihr Gemüse kräftige Wurzeln und kommt auch mit trockeneren Perioden prima klar. Und Sie gewinnen Freizeit. Und können mit gutem Gewissen übers Wochenende wegfahren. Selbst wenn Sie keine Gießanlage am Start haben.

Mit Pflanzen sprechen

Wachse meine kleine Pflanze, wachse zum Licht
Hör auf das, was Dein Gärtner zu Dir spricht
Streck zur Sonne Dein gar liebliches Gesicht

Und treib ohne viel Gewese
Kräftig Photosynthese

Werde groß und werde stark
Bleib gesund bis ins Mark
Auf dass ich Dich dann essen kann
Und selbst stark werde wie ein Mann

Ja, so ist's, ich glaube dran
Wer mit seiner Pflanze redet
Und zum Gartengott mal betet
Und ihr widmet manchen Vers
Und nicht nur denkt, schön wär's
Wenn sie doch wachsen würde
Wenn sie doch nähme jede Hürde
Die sich ihr entgegen stellt
In der wilden Gartenwelt

Der gibt ihr viel mehr als Wasser, Licht und Erde!
Wachse kleine Pflanze, werde, werde!

Jörg Heiß

Düngung

Damit Ihre Pflanzen gut gedeihen, müssen Sie dafür sorgen, dass sie genügend Nährstoffe bekommen. Das können Sie auf unterschiedliche Weise gewährleisten.

Vielleicht haben Sie Glück und in Ihrem Garten ist fetter, nährstoffreicher Boden, auf dem alles quasi fast von allein wächst. Dennoch müssen Sie auch dieser traumhaften Erde regelmäßig wieder die Nährstoffe zurückgeben, die ihr durch die abgeernteten Pflanzen entzogen wurden. Und wenn Sie wie ich einen ohnehin eher nährstoffarmen Boden haben, müssen Sie sich umso mehr kümmern, also düngen.

Das können Sie durch Gründüngung oder durch Gabe von Kompost, Bokashi oder Tierdung tun. Oder Sie geben Ihrem Gemüse speziellen organischen oder mineralischen Dünger, beides gibt es wiederum in fester und in flüssiger Form.

MEIN NACHBAR HAT EINEN PFERDEHOF UND LÄDT GERNE SEINEN MIST BEI MIR AB.

Kompost

Wir schauen uns die Möglichkeiten einmal der Reihe nach an. Das Thema Kompost (siehe Seite 46) haben wir ja bereits im Kapitel „Kreislaufwirtschaft und Kompost" recht ausführlich behandelt. Nochmal zur Erinnerung: Kompost zum Düngen zu verwenden hat den Vorteil, dass Sie der Erde nicht nur Nährstoffe geben, sondern auch noch ihre Struktur positiv verändern. Über die Jahre wird sandiger Boden durch Kompost fester und bindiger, hält also Nährstoffe und Wasser besser. Klebriger, toniger Boden wird mit der Zeit immer lockerer und damit besser zu bearbeiten. Außerdem können Sie Kompost selbst im eigenen Garten herstellen.

Bokashi

Beim Kompost gibt es auch noch eine spezielle, japanische Variante. Die geht wesentlich schneller als das Kompostieren im Garten und nennt sich „Bokashi". Das heißt so viel wie „fermentiertes Allerlei". Durch Fermentierung verwandeln sich die Pflanzenabfälle im Laufe von ein paaar Wochen in eine Art Superdünger. Das funktioniert mit milchsaurer Gärung. Es ist im Prinzip dieselbe Methode, mit der beispielsweise aus Weißkohl Sauerkraut hergestellt wird.

Um Bokashi herzustellen, geben Sie Mikroorganismen zu den Pflanzenabfällen. Die dann aktivierte milchsaure Gärung muss aber möglichst unter Luftabschluss in einem geschlossenen Behälter passieren, damit es nicht anfängt zu faulen und übel zu riechen. Da Sie den Bokashi-Eimer normalerweise in der Küche oder auf dem Balkon stehen haben, würden Sie die Freude an der Methode sonst schnell wieder verlieren. Oder Ihre Familie würde Ihnen erklären, dass es vielleicht doch besser ist, das Gemüse wieder im Supermarkt zu holen.

Selbstgebauter (links) und gekaufter Bokashi-Eimer.

Für die Bokashi-Herstellung brauchen Sie:

- Pflanzliche Küchenabfälle
- Effektive Mikroorganismen, das ist eine Mischung aus Bakterien und Pilzen
- Bokashi-Eimer

Einen Bokashi-Eimer können Sie für rund 50 € kaufen oder aus zwei alten, gut gereinigten Farbeimern selbst herstellen. Die ausführlichere Anleitung für den Selbstbau finden Sie auf meiner Internetseite heiss-auf-garten.de. Die Effektiven Mikroorganismen gibt's im Gartenmarkt und im Internet.

Und so funktioniert`s:

1. Zerkleinerte pflanzliche Küchenabfälle in den Bokashi-Eimer geben.
2. Mit einer flachen Kelle festdrücken und verdichten.

3. Mit „effektiven Mikroorganismen“ (EM) besprühen. Diese helfen bei der Gärung. Wenn Ihre Abfälle sehr feucht sind, können Sie statt dem Besprühen mit EM auch eine Handvoll Bokashi-Ferment einstreuen. Das ist bereits fertig fermentierter getrockneter Bokashi, der hilft überschüssige Feuchtigkeit zu binden.
4. Einen mit Sand gefüllten Müllbeutel in den Eimer legen. Das drückt die Luft aus den Abfällen und verdrängt auch nach oben hin die Luft aus dem Eimer, den Sie mit dem Deckel möglichst dicht verschließen sollten.

   Achtung: Den Eimer nur dann öffnen, wenn er befüllt wird. Es soll möglichst wenig Luft an die Abfälle kommen, da sie sonst anfangen zu faulen anstatt zu fermentieren.
5. Wenn der Eimer voll ist, lassen Sie ihn drei Wochen bei Zimmertemperatur stehen. Alle paar Tage lassen Sie durch den kleinen Hahn den aufgestauten Sickersaft ab. Den können Sie als Kompostbeschleuniger auf Ihren Kompost träufeln. Wenn Sie den Saft 1:100 verdünnen, können Sie damit auch Ihre Pflanzen gießen.

Den fertigen Bokashi können Sie nun direkt zu Ihren Starkzehrern ins Beet geben. Allerdings immer mit etwa 20 cm Abstand zu den Pflanzen, damit er nicht die Wurzeln verbrennt. Am Anfang ist er noch sehr sauer und es braucht ein paar Wochen, bis ihn die Bodenorganismen pflanzenkompatibel umgewandelt haben. Mit Bokashi können Sie auch innerhalb kurzer Zeit Komposterde herstellen. Dazu den Bokashi in einem Kübel mit Erde vermischen. Nach etwa vier Wochen können Sie direkt in den Kübel pflanzen oder die Komposterde in Ihrem Beet verteilen. Sollten Sie mal nicht wissen, wohin mit Ihrem Bokashi, bereichern Sie damit einfach Ihren Komposthaufen und erhöhen so seine Qualität.

Wurmkiste

Eine Wurmkiste ist wie der Bokashi-Eimer etwas, das Sie in Ihrer Küche lagern können und das Ihnen aus Küchenabfällen feine Komposterde macht. Falls Ihnen Ihre Kinder ständig in den Ohren liegen, dass sie gern ein Haustier hätten, so schlagen Sie doch mal Kompost- bzw. Regenwürmer vor! Vielleicht findet Ihr Nachwuchs den Gedanken erst einmal eklig, aber es kann äußerst spannend und lehrreich sein, den Würmern bei der Arbeit über die nicht vorhandene Schulter zu schauen. Und der Wurmhumus, den Sie herstellen, hat es in sich. Es heißt, er habe die mehrfache Düngewirkung von normalem Kompost.

Für die Wurmkiste brauchen Sie:

- **Pflanzliche Küchenabfälle, Pappe**
- **Kompost-Würmer, die kann man sich im Internet bestellen**
- **Wurmkiste, entweder gekauft oder als Selbstbau**

Ich wollte mir eine Wurmkiste bauen, aber das braucht Zeit und die hat mir bis jetzt dafür gefehlt. So bin ich noch nicht dazu gekommen, eigene Erfahrungen mit einer Wurmkiste zu sammeln und kann Ihnen darüber nicht viel erzählen. Außer dass meine Kollegen von der Gartenredaktion begeistert von ihren Wurmkisten berichten. So bald wie möglich probiere ich das aus. Aber vielleicht sind Sie schneller und erzählen mir von Ihren Erlebnissen? Ich bin sehr interessiert! Wie Sie mich erreichen, steht im Anhang des Buches.

So funktioniert die Bokashi-Herstellung:
1. Küchenabfälle klein geschnitten bereitstellen.

2. Küchenabfälle einfüllen und immer Luft herausdrücken.

3. : Effektive Mikroorganismen aufsprühen...

... oder Fertigbokashi einstreuen.

4. Oben auf einen Müllbeutel mit Sand legen.

5. Immer gut verschließen, reifen lassen.

6. Saft immer wieder abzapfen.

Tierdung

Wenn Ihnen das alles zu umständlich erscheint und Sie zufällig einen Bauern in der Nachbarschaft haben, versuchen Sie es doch mal mit Tierdung. Für den Garten eignen sich Pferde-, Schaf-, Kuh-, Esel- und Hühnermist.

Da meistens Stroh beigemischt ist, wenn Sie den Dung aus dem Stall holen, verbessern Sie hiermit zugleich Ihre Bodenstruktur. Zumindest, wenn Sie klebrigen Boden haben. Der wird dann etwas luftiger und lockerer mit der Zeit. Tierdung hat oftmals einen so hohen Nährstoffgehalt, dass Pferdeäpfel gerne auch mal als das „Gärtnergold" bezeichnet werden.

Beim Einarbeiten von Mist muss man allerdings einiges beachten. Nicht jeder Mist ist in jeder Menge für jedes Beet geeignet, wie Martin Krumbein in seinem Expertentipp zum Thema Düngung beschreibt. Auch der Zeitpunkt entscheidet über Erfolg oder Misserfolg.

Pferdemist ist ein guter Dünger.

Gründüngung

Wie Sie durch Gründüngung Ihren Boden aufwerten können, haben wir schon im Kapitel „Anbaumethoden" bei der Vierfelderwirtschaft angerissen (siehe Seite 82). Gründüngen bedeutet, dass Sie auf einem Beet Pflanzen aussäen, diese aber nicht ernten, sondern in die Erde einarbeiten. Warum das auf vielfältigen Ebenen sinnvoll sein kann, erläutert Martin Krumbein ausführlich in seinem Expertentipp auf der nächsten Seite.

Abgemähtes Gründüngungsbeet.

Dünger kaufen

Wenn Sie in den Gartenmarkt gehen, finden Sie dort eine große Auswahl an Gemüsedünger, die meist unterteilt sind in organische und mineralische Dünger. Organischer Dünger wird aus organischem Material gewonnen, also aus Pflanzenmaterial, Tierdung oder anderen tierischen Komponenten. Hornmehl bzw. Hornspäne beispielsweise werden aus Klauen und Hörnern hergestellt.
Mineralischer Dünger wird in einem chemischen Prozess aus Mineralien gewonnen. Manch ökologisch-biologisch gesinnter Gärtner scheut sich vor dem Einsatz von mineralischem Dünger, weil er nicht „natürlichen" Ursprungs ist. Damit Sie sich entscheiden können, was Sie lieber an Ihr Gemüse bringen wollen, hat Herr Krumbein in seinem Expertentipp auf der folgenden Doppelseite die verschiedenen Aspekte genauer aufgeschlüsselt.
Ob Sie flüssigen oder festen Dünger verwenden, hängt vom Ziel ab, das Sie verfolgen. Wollen Sie in einer Mangelsituation schnell Abhilfe schaffen, nehmen Sie Flüssigdünger. Wollen Sie dafür sor-

Expertentipp

Erhaltung der Bodenfruchtbarkeit durch Gründüngung

Hier sollen Möglichkeiten aufgezeigt werden, mit denen man durch den gezielten Einsatz einer Gründüngung die Bodenfruchtbarkeit erhalten und mehren kann, unerwünschte Verluste von Nährstoffen vermeidet sowie gleichzeitig noch etwas für die Vielfalt an nützlichen Insekten und anderen Tieren im Garten tun kann.
Die Gründüngung soll dabei keinesfalls die anderen hier vorgestellten Maßnahmen zur Förderung der Bodenfruchtbarkeit – wie die allgemeine Bodenpflege, die Kompostierung oder das Mulchen – ersetzen, sondern sinnvoll ergänzen.
Werfen wir einmal einen kurzen Blick in die Vergangenheit. In den früheren Zeiten war in der Landwirtschaft die Dreifelderwirtschaft üblich. Das bedeutete, dass nach dem zweijährigen Anbau von Getreidearten, meist Winter- und Sommergetreide,

die Fläche im dritten Jahr liegen gelassen wurde, diese Brache sich spontan begrünte und beweidet wurde. Der restliche Aufwuchs wurde dann im Herbst eingearbeitet und diente der Nährstoffzufuhr, die ansonsten vor allem aus der Tierhaltung stammte. Dies änderte sich erst im 19. Jahrhundert mit gen, dass die Pflanzen über längere Zeit kontinuierlich Nährstoffe erhalten, nehmen Sie festen Dünger. Je flüssiger der Dünger, desto schneller wirkt er. Je gröber der Dünger, desto langsamer und länger wirkt er, weil die Bodenorganismen mehr Zeit brauchen, ihn in pflanzenverwertbare Bestandteile umzuwandeln.

Tipp: Wenn Sie festen Dünger verwenden, achten Sie unbedingt darauf, dass Sie ihn etwas einarbeiten und der Boden dann gut gewässert wird. Organischer Dünger kann nämlich ohne Feuchtigkeit nicht von den Mikroorganismen zerlegt werden. Und für beide Düngerformen ist genug Bodenfeuchte notwendig, weil nur dann die Pflanzenwurzeln die gelösten Nährstoffe aufnehmen können.

der zunehmenden Intensivierung des Anbaus durch den Einsatz von Mineraldüngern und Pflanzenschutzmitteln sowie durch den Einsatz von besserer Technik bei der Bodenbearbeitung.
In der heutigen Zeit hat dieses Thema wieder stärker an Bedeutung gewonnen. Besonders im Biologischen Anbau sind die Gründüngungspflanzen ein fester Bestandteil bei der Anbauplanung. Aber auch im konventionellen Anbau wird die Gründüngung vor dem Hintergrund strengerer Umweltauflagen zum Wasser- und Bodenschutz wieder mehr in die Fruchtfolge integriert. Diese Praxis aus dem Profianbau lässt sich durchaus auf den Hobbygarten übertragen.
Bei der Gründüngung werden die Pflanzen nicht zum Zwecke der Ernte gesät, sondern sie sollen die Nährstoffe im Boden binden und ihn dadurch vor Auswaschung und Erosion schützen. Zum Einsatz kommen vor allem Leguminosen, wie Lupinen, Wicken, Erbsen, Bohnen oder Kleearten, da sie in der Symbiose mit Knöllchenbakterien Stickstoff aus der Luft binden können. Angebaut werden aber auch Phacelia, Buchweizen, Senf und Gräser sowie verschiedene Gemische. Kreuzblütler wie Senf oder Ölrettich haben neben einem starken Aufwuchs noch eine nematodenhemmende Wirkung. Der Aufwuchs des Bestandes dient der Nährstoffaufnahme und verhindert damit Verluste durch versickerndes Regenwasser.
Besonders zu empfehlen ist die Gründüngung auf Flächen, die entweder erst im Sommer bestellt oder bereits im Spätsommer abgeerntet werden. Der Pflanzenbewuchs schützt den Boden vor Austrocknung oder Abspülen bei starkem Regen und bietet Unterschlupf für Nützlinge im Garten. Den Aufwuchs kann man abmähen oder im Winter abfrieren lassen und dann einarbeiten oder kompostieren. Soll eine Fläche im Garten in einem Jahr gar nicht bestellt werden, kann eine Gründüngung über das gesamte Anbaujahr erfolgen.

Expertentipp

Düngung und Düngemittel im Hobbygarten

Die Kompostierung von organischem Material im Haus- und Kleingarten, wie Rasenschnitt, Laub, Baum- und Strauchschnitt, Ernterückstände, Küchenabfälle etc., bildet die Grundlage für die Bodenfruchtbarkeit und die Nährstoffversorgung der Pflanzen.

Pflanzen gut versorgt

Die Düngung, also die abgestimmte Zufuhr von Nährstoffen, dient den Kulturpflanzen zum gleichmäßigen Wachstum und einem guten Ertrag. Nur wenn den Gemüsepflanzen die verschiedenen Mineralien in ausreichender Menge zur Verfügung stehen, ist eine erfolgreiche Ernte möglich.
Allerdings sind die Ansprüche der angebauten Pflanzen entsprechend ihres Wachstums nach Menge und Zeitpunkt recht unterschiedlich. Einige Rosenkohlpflanzen, die bei einer Kulturzeit von etwa sechs bis acht Monaten eine Höhe von über 1 m erreichen können, brauchen zur Ertragsbildung wesentlich mehr Nährstoffe als Salat, Radies oder Rucola auf einer gleich großen Fläche.

Wohin verschwinden die Nährstoffe?

Dass überhaupt eine Düngung notwendig wird, liegt daran, dass durch die Ernte des Gemüses und auch durch Jäten von Unkräutern, Rasen mähen und Laub harken dem Boden Nährstoffe entzogen werden, die ersetzt werden müssen.

Bei den für die Pflanzen notwendigen Nährstoffe unterscheidet man zwei Gruppen:
1. Die Haupt- oder Makronährstoffe: Stickstoff, Phosphor, Kalium, Magnesium, Kalzium, Schwefel werden von den Pflanzen in größeren Mengen benötigt.
2. Die Mikronährstoffe oder Spurenelemente: Bor, Eisen, Mangan, Molybdän, Kupfer, Zink werden von den Pflanzen nur in kleinen Mengen gebraucht und sind in den meisten Böden vorhanden.
Sind einer oder mehrere Nährstoffe nicht in ausreichender Menge verfügbar, kann es zu Mangelerscheinungen, Minderwuchs oder einem kompletten Ertragsausfall kommen. Da nützt es auch gar nichts, wenn den Pflanzen von einem anderen Mineralstoff besonders viel oder die optimale Menge zur Verfügung steht. Denn hier gilt das von Justus von Liebig Mitte des 19. Jahrhunderts formulierte „Minimumgesetz“: Das pflanzliche Wachstum wird immer von der Ressource (Licht, Wärme, Wasser, Nährstoffe...) begrenzt, die am wenigsten zur Verfügung steht.

Verschiedene Mineraldünger: Links ist Phosphor (Superphosphat) zu sehen, in der Mitte oben befindet sich Magnesium (Magnesiumsulfat), in der Mitte unten Eisen (Eisenchelat) und rechts Stickstoff (Kalkammonsalpeter).

Zu viel Dünger kann schaden

Ein Überangebot von manchem dieser Nährstoffe kann sich ebenfalls ungünstig auf das Wachstum der Pflanzen auswirken. So wird z. B. durch eine zu hohe Düngung mit Stickstoff bei Möhren das Blattwachstum stark angeregt und die Rüben bleiben schmal und kleiner. Die Pflanzen haben insgesamt ein weiches Gewebe, was sie anfälliger gegenüber Krankheiten macht. Außerdem führt dies zu einer geringeren Lagerfähigkeit und eventuell zu erhöhten Nitratwerten im Erntegut. Hier ist also vor allem das rechte Maß wichtig. **Dem Hobbygärtner stehen zwei große Gruppen von Düngemitteln zur Verfügung:**

a) die Mineraldünger in fester oder flüssiger Form aus natürlichen Vorkommen oder synthetisch hergestellt, z. B. Ammoniumnitrat, Harnstoff, Blaukorn, Kaliumsulfat, Patentkali, Superphosphat, Bittersalz, Kalksalpeter, Eisensulfat u.v.a.

b) die organischen Dünger in fester oder flüssiger Form aus pflanzlichen oder tierischen Quellen, z. B. Kompost, Stallmist, Pellets von Rinder- oder Pferdedung, Hühnerkot, Hornspäne, -gries oder -mehl, Knochenmehl, Schafwolle, Melasse, Kräuterjauchen u.v.a.

Die Mineraldünger

Bei den Mineraldüngern gibt es welche mit nur einem Nährstoff, aber auch eine ganze Reihe mit zwei oder mehr Nährstoffen. Je nach chemischer Bindung der Mineralien haben sie eine sehr schnelle oder auch eine länger anhaltende eher langsame Wirkung. Die Inhaltsstoffe sind bei allen Düngern genau festgelegt und bei einigen auch recht hoch konzentriert. Ein Vorteil dieser Düngemittel liegt deshalb in der oft sehr schnellen und gut zu kalkulierenden Wirkung.

Aufnahme über Wurzeln

Die Pflanzen nehmen die Nährstoffe fast ausschließlich in gelöster Form über die Wurzeln auf und transportieren sie dann weiter in die Sprosse, Blätter, Blüten und Früchte.

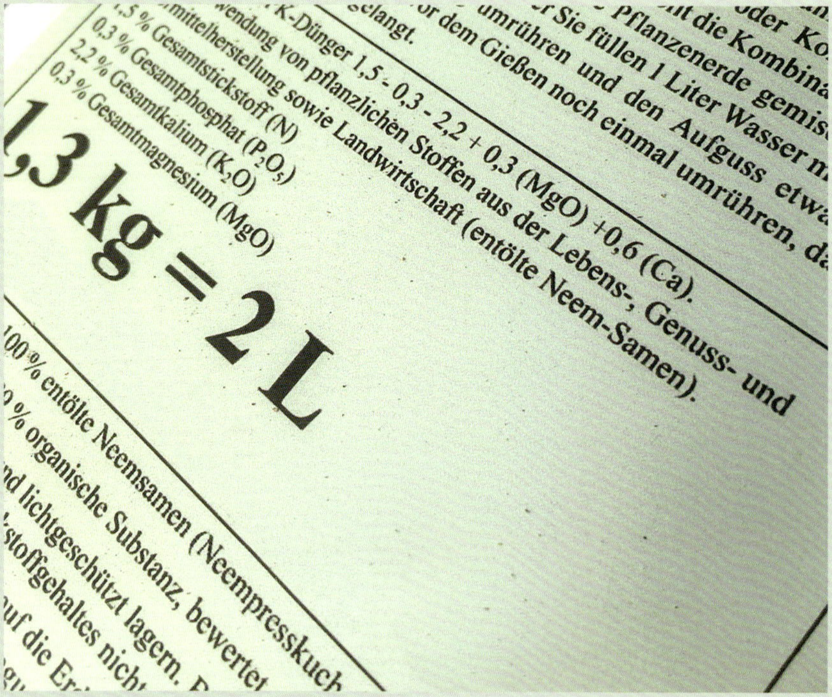

EIN BLICK AUFS ETIKETT VERRÄT DEN GEHALT AN VERSCHIEDENEN INHALTSSTOFFEN.

Die organischen Dünger

Die organischen Dünger stammen aus pflanzlichen oder tierischen Abprodukten oder Reststoffen aus der Lebensmittelproduktion, z. B. der Zuckerherstellung. Sie enthalten oft mehrere Nährstoffe, jedoch häufig nicht in so hoher Konzentration wie bei den Mineraldüngern. Komposte oder Kräuterjauchen können auch selbst hergestellt werden, ihre Zusammensetzung variiert dann nach den jeweiligen Ausgangsstoffen.

Die Wirkung kann bei Flüssigdüngern oder Hornmehl recht schnell einsetzen, bei anderen wie Hornspänen oder Schafwolle auch langsam und länger anhaltend. Grund dafür ist, dass bei diesen Düngern die organische Substanz erst durch Mikroorganismen zersetzt werden muss und so die Nährstoffe freigesetzt werden. Ein Vorteil dieser Dünger liegt in ihrer oft langanhaltenden und nachhaltigen Wirkung und an der Verbesserung der Bodenfruchtbarkeit durch die Erhöhung der organischen Substanz im Boden.

Praktisch: Volldünger

Im Fachhandel werden aus beiden Gruppen, also den Mineraldüngern und den organischen Düngern, auch sogenannte „Volldünger“ angeboten. In diesen sind von allen wichtigen Nährstoffen Anteile in einem für Gemüse günstigen Verhältnis enthalten (z. B. Tomatendünger, Kräuterdünger oder Bio-Gemüsedünger). Das erspart dem Gärtner viel Rechnerei und funktioniert meist sehr gut.

12/12/17 +2 +8? Was steckt hinter den Angaben auf dem Etikett?
Auf allen in Deutschland zugelassenen Düngemitteln sind die wesentlichen Bestandteile, die Nährstoffzusammensetzung und die Dosierung bei der Anwendung angegeben. Auf den Düngern findet man beispielsweise beim „Blaukorn" die Angabe 12/12/17 +2 +8. Die ersten drei Zahlen stehen für die Gehalte an Stickstoff (N), an Phosphor (P) und an Kalium (K) in Prozent. Also enthält dieser Blaukorn-Dünger je 12 % Stickstoff und Phosphor und 17 % Kalium. Kommen dann wie in diesem Beispiel hinter den Werten für N P K noch weitere Zahlen, dann sind das hier die Angaben für 2 % Magnesium (Mg) und 8 % Sulfat (SO4), was aber immer noch mal extra vermerkt ist.
In Düngern für Fruchtgemüse (Tomaten) oder Lagergemüse (Möhren) sind die Kaliumwerte meist etwas höher als die vom Stickstoff, um die Fruchtfestigung und Lagerfähigkeit des Gemüses zu verbessern. Da die Düngemittel oft recht hoch konzentriert sind, damit sie bei Transport und Lagerung nicht so viel Platz benötigen, müssen die Angaben zur Dosierung immer gut beachtet werden.
Bei den organischen Düngern im Handel, wie Flüssigdünger oder Hornspäne, findet man genauso die Angaben der Nährstoffgehalte, bei den Hornspänen sind das z. B. 12–15 % N. Für den eigenen Kompost oder den Stallmist vom benachbarten Landwirt hat man diese Angaben natürlich nicht. Wenn Sie die verschiedenen tierischen Dünger vergleichen wollen, finden Sie im Internet unter dem Suchbegriff „Nährstoffgehalte von Organischen Düngern" auch dafür entsprechende Richtwerte.

Tipps zur erfolgreichen Düngung

- **Menge: Die Düngermenge richtet sich nach dem Bedarf der Pflanzen, der sich grob nach der Einteilung der Gemüsearten in Starkzehrer, Mittelzehrer und Schwachzehrer richtet. Unterschiedlich hohe Düngermengen lassen sich durch Höhe und Anzahl der Gaben realisieren.**

- **Zeitpunkt: Wichtig ist bei der Düngung auch der Zeitraum für die Nährstoffgaben, der sich an der Hauptwachstumszeit und der Ertragsbildung der Gemüsearten orientiert. Je langsamer die Freisetzung der Nährstoffe erfolgt (z. B. bei Hornspänen), umso eher muss dieser Dünger ausgebracht werden. Kurz vor der Ernte dagegen benötigen die Pflanzen keine Düngergaben mehr.**

- **Verträglichkeit: Bei der Düngung sollte die Verträglichkeit der Pflanzen bei der Düngerart und Menge beachtet werden. Sehr hoch konzentrierte Dünger wie frischer Stallmist oder Hühnerkot sollten – wenn sie nicht erst noch kompostiert werden – nur bei Starkzehrern, in geringerer Menge und am besten mit Kompost vermischt ausgebracht werden. Für empfindliche Pflanzen wie Salate, frische Kräuter oder Jungpflanzen sind solche Dünger nicht geeignet.**

- **Aufs Wasser achten: Zu guter Letzt soll nochmal klar darauf hingewiesen werden, dass der Erfolg der Düngung und damit der Nährstoffversorgung der Pflanzen auch immer mit dem Wasser im Boden zusammenhängt. Nur bei einer ausreichenden Bodenfeuchte können sich die festen Dünger auflösen und die organischen Dünger mineralisiert werden – und auch nur dann können die Pflanzenwurzeln die Nährstoffe mit dem Wasser aus dem Boden aufnehmen.**

Wasser im Garten

Wasser kommt zwar von oben, aber leider nicht zuverlässig. Deshalb müssen wir nachhelfen. Entweder mit der Gießkanne, dem Gartenschlauch oder einer Gießanlage.
Für alles brauchen wir eine Wasserquelle. Wenn Ihr Gemüsegarten in einer Kleingartenanlage liegt oder direkt am Haus, dann haben Sie meistens auch Zugriff auf eine Wasserleitung. Die können Sie anzapfen. Aber das Wasser aus der Leitung kostet Geld. Außerdem ist es eiskalt und enthält oft auch noch viel Kalk. Pflanzen mögen kein kaltes Wasser und auch keinen Kalk.

Eine günstige Alternative für Ihre Pflanzen und auch für Ihren Geldbeutel ist Regenwasser. Das müssen Sie aber irgendwoher bekommen und speichern. Ideal ist es, wenn Sie Dachflächenwasser sammeln können. Von Ihrem Haus, Ihrem Gartenhaus, Ihrem Gewächshaus, Ihrem Gerätehaus. Am besten Sie sammeln alles, was geht. Sie werden es brauchen.

Welchen Wasserbehälter?

Als Sammelbehälter eignen sich die grünen Wassertonnen aus dem Baumarkt. Aber nehmen Sie bitte nicht die billigsten. Achten Sie auf eine ordentliche Wandstärke, damit die Tonne nicht gleich beim ersten unangekündigten Frost aufplatzt. In die gängigen grünen Wassertonnen passen etwa 300 l rein, das sind also rund 30 Gießkannen à 10 l. Superstabil sind die blauen HDPE-Tonnen, in denen oft Tierfutter transportiert wird. Aber sie sind etwas kleiner, meist passen da nur rund 200 l rein. Oder Sie gönnen sich die großen IBC-Container, gängig sind die mit einem Fassungsvermögen von 300, 600 oder 1000 l. Oft bekommt man sie gebraucht. Achten Sie dann aber darauf, dass die Container oder Fässer vorher lediglich zum Lebensmitteltransport genutzt wurden. Sie wollen ja sicher nicht irgendwelche Frostschutzmittelreste auf Ihrem Salat wiederfinden.

Die IBC-Container kann man sogar stapeln. Hübsch sind sie nicht, aber man kann sie verkleiden. Das sollte man ohnehin tun, damit sich in den meist lichtdurchlässigen hellen Behältern der Algenwuchs in Grenzen hält. Die Container gibt's allerdings auch in schwarz oder sogar ummantelt mit Aluminium. Wenn Sie mehrere Container oder Tonnen mit Rohren verbinden und über Ihr Gelände verteilen, haben Sie überall Gießwasser zur Verfügung. Wenn Sie ein hängiges Gelände haben, können Sie sogar die Schwerkraft nutzen und ohne Pumpe eine Tropfschlauchbewässerung anschließen. Eine Batterie-Zeitschaltuhr kann Ihnen auch noch dabei helfen, dass Sie nicht ständig irgendwelche Hähne auf- und zudrehen müssen.

Ein Tropfbewässerungsschlauch findet überall Platz.

Meine automatische Bewässerungsuhr gibt mir Freizeit.

So wird Ihr Gemüse ohne Ihr Zutun bewässert. **Das ist sowieso mein Master-Tipp. Machen Sie es sich leicht und sorgen Sie für eine automatische Bewässerung. Sie können Viereckregner, Kreiselregner oder Tropfschläuche nehmen. Ich empfehle Ihnen Tropfschläuche.**

Warum? Weil sie punktgenau an der Pflanze den Boden befeuchten und so viel sparsamer sind als alle anderen Bewässerungsmethoden. Außerdem erschweren Sie Schnecken den Weg zu Ihrem Gemüse, wenn das Gelände überwiegend trocken bleibt.

Nun haben Sie dafür gesorgt, dass immer genügend Wasser in Ihrem Garten ist und dieses sogar automatisch verteilt wird. Können Sie sich jetzt zurücklehnen und erst zum Ernten wieder vorbeischauen, weil alles von alleine geht?

Nein. Natürlich nicht. Sie müssen trotzdem regelmäßig vorbeischauen. Gucken, ob es Ihren Pflanzen gut geht, ob sich irgendwo Krankheiten breitmachen. Ob eine Pflanze vielleicht vor sich hinmickert und eine Extraportion Nährstoffe braucht. Ob das Unkraut gerade die Oberhand gewinnt oder ob die Gießanlage noch das tut, was sie soll. Auch das hatte ich schon: Die Anlage lief zwar, aber ein Schlauch war abgerutscht und das kostbare Nass spritzte fröhlich aber sinnlos durch die Gegend.

Verkrusteter Boden: Gießwasser kann hier kaum versickern.

Wassersparen mit der Hacke

Und wenn Sie vorbeischauen, dann stechen Sie möglichst auch immer gleich das Unkraut heraus und häckeln das Beet durch. Nur wenn der Boden regelmäßig gehäckelt wird, kann das Wasser in die Erde eindringen und wird für die Pflanzen verfügbar. Wenn Sie nie den Boden hacken, wird er oberflächlich hart und verkrustet (siehe Foto rechts). Dann läuft das Wasser nur über Ihr verkrustetes Beet drüber, anstatt dass es dort versickert.

Wann gießen?

Egal ob Sie nun per Hand gießen oder mithilfe einer Gießanlage, es ist wichtig, wann, und wie oft Sie das tun. Im vorigen Kapitel „Pflanzen stärken" haben wir ja schon geklärt, dass es wichtig ist, eher selten und intensiv zu gießen, anstatt täglich und dafür nur oberflächlich. Beim intensiven, durchdringenden Gießen dringt das Wasser in die tieferen Schichten ein und ist so für die Pflanzen länger verfügbar. Zudem werden sie angeregt, ihr Wurzelgeflecht kräftig auszubilden, in die Tiefe zu strecken und sich dort das Wasser zu holen. Diese Methode macht Ihre Pflanzen stärker und spart viel Gießwasser.

Wer durchdringend gießt, erreicht auch die unteren Bodenschichten.

Nun bleibt noch die Frage: lieber morgens, mittags oder abends gießen? Oder ist es egal? Nein ist es nicht. Wenn Sie mittags gießen, brennt im Sommer die Sonne auf Ihr Beet. Ein Großteil des kostbaren Wassers verdunstet schnell wieder. Außerdem gibt es den gefürchteten Brennglaseffekt. Fallen Wassertropfen auf die Blätter der Pflanzen und die Sonne scheint darauf, bündelt sich das Licht wie in einer Lupe und brennt im ungünstigsten Falle Ihrem Gemüse Löcher in die Blätter.

Wenn Sie abends gießen, freuen sich die Schnecken. Die kommen in der Abendkühle aus ihren Verstecken. Wenn dann noch alles feucht ist vom Gießen, machen Sie es Ihnen leicht, zu Ihrem Gemüse zu kriechen.

Also heißt die Lösung: Morgens gießen! Und wenn Sie nicht schon vor Sonnenaufgang aufstehen wollen, leisten Sie sich eine Gießanlage mit Tropfbewässerung und drehen Sie sich genüsslich im Bett noch einmal um. Sie werden es lieben.

Mulchen spart Wasser

Und jetzt kommt noch der ultimative Wasser-Spar-Tipp für den Gemüsegarten: Mulchen Sie! Sorgen Sie dafür, dass kein bisschen Erde in Ihrem Beet frei bleibt. Das hat zwei große Vorteile. Es kann sich auf einer gemulchten Fläche kaum Unkraut ansiedeln und das Wasser, das Sie vergossen haben, kann nicht so schnell verdunsten. Mulchen, also die freie Erde zwischen den Pflanzen mit Materialien bedecken, ist eine wunderbare Methode, die Ihnen das Gartenleben erleichtert. Mulchen können Sie beispielsweise mit einem Unkrautvlies aus dem Gartenmarkt, aber auch mineralisch oder

Mulchen kann man z.B. mit Rasenschnitt (links) oder Stroh (rechts).

organisch. Mineralisch meint mit Steinen, das bietet sich aber eher für Beete mit Stauden an, die an ihrem Platz im Beet lange Jahre stehen.

Fürs Gemüsebeet empfiehlt sich das organische Mulchen. Das geht mit allerlei Pflanzenmaterial. Holzhäcksel, Rasenschnitt, Stroh. Holzhäcksel sind eher was für Beerenbüsche. Mein Gemüse mulche ich gerne mit Rasenschnitt oder mit Stroh. Rasenschnitt hat den Vorteil, dass er auch noch zur Düngung der Beete beiträgt. Stroh ist immer verfügbar und leicht zu händeln, raubt aber im Zerfallsprozess dem Boden den Stickstoff. Da müssen Sie also schauen, dass Sie immer mal entsprechend nachdüngen.

Eine Rasenmulchschicht darf nicht zu dick sein. Ein, zwei Zentimeter reichen. Ansonsten fängt sie an zu faulen und zieht Krankheitserreger an. Beim Stroh dürfen Sie großzügig sein. Die Pflanze sollte aber schon noch rausgucken können aus dem Strohbeet.

Auch ein Unkrautvlies kann den Boden vor Austrocknung schützen.

Bodenbearbeitung

Grundsätzlich sollte man den Boden nur dann bearbeiten, wenn er es zulässt. Wenn er also weder zu klebrig noch zu fest ist. Zumindest wenn Sie einen so lehmig-schluffigen Boden haben wie ich. Haben Sie einen höheren Sandanteil, dann bedrängt Sie das Problem nicht so sehr.

Bodenbearbeitung ist über das ganze Jahr hinweg nötig. Das Häckeln und Jäten der Beete ist wichtig, solange Sie etwas im Beet gepflanzt haben. Damit das Wasser gut und tief eindringen kann und die unerwünschten Wildkräuter in ihrer Entwicklung gestört werden.

Wenn Ihre Erde nicht zu schwer dafür ist, können Sie zum oberflächlichen Lockern auch statt der Hacke mal den Grubber nehmen. Mit seinen fingerartigen Krallen kratzt der die oberen Schichten schön an.

ICH SCHÄTZE DEN GRUBBER ALS GUTES LOCKERUNGSWERKZEUG.

Dennoch gibt es zwei Jahreszeiten, in denen besonders viel getan werden muss: im Herbst und im Frühjahr.
Im Herbst bereiten Sie die abgeernteten Beete fürs Frühjahr vor. Hier stellt sich die Frage, ob es besser ist, umzugraben, oder die Erde nur mit einem Sauzahn zu lockern, wie es von vielen Biogärtnern empfohlen wird.
Beim spatentiefen Umgraben bringen Sie die Bodenschichten durcheinander und es dauert eine Weile, bis sich die Bodenorganismen wieder organisiert haben. Deshalb sollte man nur dann umgraben, wenn es tatsächlich nötig ist. Ansonsten ziehen Sie mit dem Sauzahn durchs Beet, lockern und belüften so die Erde, ohne alles durcheinander zu bringen.
Es gibt aber Fälle, in denen das Umgraben unumgänglich ist. Zum Beispiel, wenn Sie ein Gründüngerbeet haben. Damit die Grünpflanzen in der Erde in Nährstoffe umgewandelt werden können, müssen sie erstmal in den Boden eingearbeitet werden. Das funktioniert nur mit Umgraben, sodass die Oberfläche mitsamt Grünbewuchs nach unten gedreht wird.
Wenn Sie eine so klebrige Erde haben wie ich, dann kommen Sie mit dem Sauzahn auch nicht weit. Sie bleiben immer hängen und verlieren schnell die Lust. Also hilft hier nur Umgraben. Zumindest die ersten Jahre, bis die Erde durch stetige Kompostgabe und Bodenbearbeitung lockerer geworden ist.
Umgraben können Sie im Übrigen auch im Frühjahr. Aber im Herbst ist es effektiver. Denn da hilft die Natur mit. Wenn über den Winter der Frost in die groben Schollen geht, dehnt sich das frierende Wasser aus und sprengt die Erdklumpen auf. Und im Frühjahr erwartet Sie schöne, krümelige Pflanzerde im Beet, ohne dass Sie viel dafür tun mussten.

Im Frühjahr gilt es dann, die Beete pflanzbereit zu machen. Also schön lockern, jäten und mit der Harke bzw. dem Rechen glattziehen. „Ein Beet muss glatt sein wie ein Tisch“ ist einer der ersten Merksätze, die mir Martin Krumbein ans Herz gelegt hat. Damit alle Pflanzen in einem Beet die gleichen Startbedingungen haben, und nicht eine tiefer sitzt und im Wasser ersäuft, während die andere auf dem Hügel dafür trockenfällt.

Mit dem Sauzahn bearbeite ich das Beet diagonal in beide Richtungen.

Mein Gemüsebeet

Ob eckig oder rund
Ob grün oder bunt
Rundum gesund
Das Gemüse steht
In meinem Beet

Ob groß oder klein
Ob grob oder fein
Ich weiß, es ist mein
Und ich weiß, was dort geht
In meinem Gemüsebeet

Wenn ich es beernte
Wie ich`s bei Krumbein lernte
Das Beikraut stets entfernte
Ich weiß, was dort steht
Ich weiß, was dort geht
In meinem Gemüsebeet

Jörg Heiß

Familie, Freunde und Nachbarn

Mancher Gärtner mag es, wenn er alleine ist und die Ruhe im Garten genießen kann. Trotzdem ist es von Zeit zu Zeit schön, wenn jemand vorbeischaut. Sei es, um zu bewundern, was man geschafft hat, um bei der Gartenarbeit oder der Ernte zu helfen, oder um abends beim Feuer bei einem Glas Wein den Tag ausklingen zu lassen. Hier ein paar Tipps, wie Sie andere Menschen in Ihren Garten locken.

BESUCH IM KLEINGARTEN KANN ETWAS SCHÖNES SEIN.

Kinder

Wenn Sie Ihre Kinder für das Thema Garten begeistern wollen, fangen Sie so früh wie möglich an. Dabei können Sie aber nicht erwarten, dass Ihr Nachwuchs Ihnen sofort die Hacke aus der Hand nimmt und fleißig zupacken will. Kinder wollen ernten oder spielen. Alles was damit zu tun hat, öffnet die Aufmerksamkeit der Kleinen. Also spielen Sie mit Ihren Kindern im Garten und lassen Sie sie dort selbst spielen. Dabei wird sehr wahrscheinlich auch einmal etwas kaputt gehen. Unreife Früchte werden geerntet, alle Blüten abgeschnitten, um daraus einen schönen Strauß zu machen oder die gehegten und gepflegten Küchenkräuter beim Unkraut jäten gleich mit ent-

fernt. Machen Sie kein Drama daraus und versuchen Sie Ihren Kindern ganz ruhig zu erklären, wie sie etwas besser machen können. Wenn sie zu oft geschimpft werden, ist die Gefahr groß, dass die Kleinen bald wieder die Lust am Garten verlieren.
Wenn Ihre Kinder älter sind, kann es unglaublich spannend für sie sein, im Zelt draußen zu übernachten. Womöglich sogar ohne Erwachsene. Zumindest nicht im selben Zelt. Auch Lagerfeuer, Stockbrot und Grillabende stoßen oft auf Begeisterung. Laden Sie auch die Freunde und Freundinnen Ihrer Kinder mit ein. Sie werden sehen, eines Tages hat Ihr Nachwuchs ein so normales und natürliches Verhältnis zum Garten und der Natur, die sie dort umgibt, dass er wie selbstverständlich bei der Gartenarbeit mit anpackt.

Eltern

Eltern wissen immer alles besser. Kein Wunder, sie sind auch schon wesentlich länger auf der Welt. Wenn Ihre Eltern einen Garten haben, dann geben sie Ihnen sicher gerne allerlei Tipps. Nehmen Sie sie an und wertschätzen Sie die Hinweise. Vielleicht ist das ein oder andere für Sie interessant. Gerade beim Gärtnern ist Erfahrung ein wahrer Schatz. Tauschen Sie sich aus und fragen Sie nach Rat. Ob Sie es dann genau so machen wollen, wie vorgeschlagen, bleibt Ihre Entscheidung. Ist ja Ihr Gartenreich und Sie sind der Chef. Oder die Chefin. **Wenn Sie Ihre Eltern in den Garten locken wollen, müssen Sie normalerweise nicht viel tun. Sie werden einfach Ihrer Einladung folgen.**

Vorzugsweise zu Kaffee und Kuchen am Sonntagnachmittag. Aber auch zu anderen Anlässen.

Freunde und Familie

Als ich für den MDR Garten unterwegs war und eine Gartenreisereportage in Slowenien gedreht habe, durfte ich einen Olivenbauern kennenlernen. Der erzählte mir, dass es große Tradition sei, die Olivenernte mit allen Verwandten und Freunden zu begehen. Es sei eine tagelange große Party, auf die sich alle schon das ganze Jahr freuen. Die Ernte und das Pressen bzw. Einlegen der Oliven laufe dann quasi nebenher. Das eigentliche Event sei das Zusammentreffen und Feiern. Warum sollten wir uns an dieser schönen Tradition nicht auch orientieren? Laden wir doch unsere Freunde und Verwandten zur Ernte ein und feiern Erntedank! Am besten mehrfach! Was in Slowenien und Italien die Oliven sind, könnten doch bei uns die Kirschen, Pflaumen und Äpfel sein! Und so haben Sie schon einen Anlass, Ihre Freunde für Ihren Garten zu begeistern.

Aber natürlich ist ein wein- oder bierseliger Grillabend oder ein Kaffeekränzchen auf der Terrasse ebenso für jeden Freund etwas Schönes und ein Anlass vorbeizuschauen. Oft fallen den Anwesenden dann beim gemütlichen Beisammensein die erstaunlichsten Gartenanekdoten ein. Jeder hat irgendeinen Verwandten, der gärtnert und von dem man eine Geschichte weiß.

Regional

WÄHREND MEINE FREUNDIN DIE PFLANZEN KONTROLLIERT, DECKE ICH SCHON MAL DEN GARTENTISCH FÜRS ROMANTISCHE ABENDESSEN.

Partner

Wenn Sie in Ihrer Beziehung derjenige sind, der die Gartenleidenschaft hat und Sie wollen das Interesse auch bei Ihrem Partner wecken, dann beherzigen Sie am besten, was Martin Krumbein mir geraten hat. Ich hatte ihm erzählt, dass meine Freundin keine Lust hat, mir im Garten zu helfen. Seine Antwort: „Herr Heiß, Sie dürfen ihre Freundin nicht immer nur zum Unkrautjäten in den Garten holen. Machen Sie mit ihr was Schönes! Ein romantischer Abend am Feuer oder ein entspannter Nachmittag auf der Wiese unterm Apfelbaum. So können Sie Ihre Freundin begeistern.“ Ja, der Herr Krumbein ist eben nicht nur Gartenberater, sondern auch Lebensberater.

Nachbarn

Wer Nachbarn hat, braucht keine Feinde. So heißt ein Spruch, der das oft angespannte Verhältnis zwischen Haus- oder Gartennachbarn beschreibt. Und es gibt viel Konfliktpotential. Es muss nicht

DER GARTENCHEF IST AUCH MEIN NACHBAR IM KLEIN-GARTEN. ICH ERKLÄRE IHM, WAS ICH VORHABE UND ER GIBT MIR RATSCHLÄGE.

immer ein Knallerbsenstrauch sein, der durch den Maschendrahtzaun wächst, auch überhängende Äste, fallendes Laub, ein kläffender Hund, eine streunende Katze, schreiende Kinder, qualmende Grills und lärmende Radios sind beliebte Zankäpfel. Manchmal reicht es schon, dass Ihrem Nachbarn Ihr Garten nicht gefällt. Vielleicht ist er zu wild? Und die Nachbarn haben Angst vor den Samen, die auf ihren englischen Rasen herüber wehen könnten?

Wenn Sie also so einen stressigen Gesellen in der Nachbarschaft haben, was machen Sie mit dem am besten? Möglichst viel Abstand halten? Bloß nicht zu nahekommen lassen?

Nein. Ganz im Gegenteil. Wenn Sie der Falle des ewigen Zankens entgehen wollen, öffnen Sie Ihre Türen und Ihre Gartenpforte. Laden Sie den Kritiker ein, zeigen Sie, was Sie dort machen und was Sie sich dabei denken. Und fragen Sie ihn nach Rat. „Wie haben Sie das gemacht" bzw. „Wie würden Sie das machen" können Schlüsselsätze für Ihre künftige Beziehung sein. Und vielleicht erfahren Sie ja tatsächlich etwas Interessantes. Wie hat der Nachbar dieses Jahr die Blattläuse bekämpft und womit hat er sein Beet gedüngt?

Trinken Sie einen Tee oder einen Kaffee zusammen und schenken Sie ihm zum Abschied etwas aus Ihrem Garten. Einen Korb mit Äpfeln, einen Bund Radieschen, ein paar Kirschen, einen Salat, je nachdem, was gerade erntereif ist. Und Sie werden sehen, aus Nachbarn können auch Freunde werden. Und dann kommen die auch zu Ihrer Olivenernte. Oder zumindest zu Ihrer Apfelernte.

6.

Erntezeit und Erntedank

Lohn der Mühe

Die schönste Zeit im Garten ist die Erntezeit. Wenn Sie die Tipps aus diesem Buch berücksichtigt haben, dann dauert die schönste Zeit in Ihrem Garten von nun an das ganze Jahr und Sie haben immer etwas zu ernten! Im Frühjahr, Sommer, Herbst und sogar im Winter. Und damit bei der wohlverdienten Ernte möglichst nichts schiefgeht, hat Martin Krumbein auf der folgenden Seite die wichtigsten Hinweise für Sie zusammengefasst.

Expertentipp

Was es bei der Gemüseernte zu beachten gibt

Säen und Pflanzen, Hacken und Gießen, Düngen und Schnecken absammeln, alle diese Arbeiten und noch weitere sind im Laufe des Gartenjahres notwendig, um zum Ziel zu kommen… und das ist die Ernte von frischem Gemüse. Da es sich beim Erntegut von Gemüse um ganz unterschiedliche Bestandteile der Pflanzen handelt, muss man bei der Ernte, wie schon vorher während des Anbaus, einiges beachten. So hat jedes Gemüse nur dann seinen vollen gesundheitlichen Wert, wenn es zum richtigen Zeitpunkt geerntet wird. Also ist es notwendig, sich bereits zur Aussaat oder Pflanzung Gedanken darüber zu machen, wie lang die Entwicklungszeit des Gemüses ist und welche Mengen der verschiedenen Arten man zur Erntezeit verzehren oder verarbeiten kann. Ist die Erntemenge zu groß, wird das Gemüse überständig und verdirbt.

Die Entwicklungszeit der Gemüsearten ist sehr unterschiedlich. Sie kann nur wenige Tage betragen wie bei der Gartenkresse oder viele Monate wie beim Rosenkohl, der im April oder Mai gepflanzt wird und erst im Oktober bis Januar zur Ernte kommt.

Bei den Arten mit einer kurzen Entwicklungszeit kann man innerhalb eines Jahres nacheinander mehrere Sätze anbauen, um die Erntezeit zu verlängern. Bei anderen Arten kann man das durch den Anbau von mehreren Sorten mit einer unterschiedlich langen Entwicklungszeit erreichen.

Bei Gemüse, bei dem man die ganzen Pflanzen erntet, wie Radies, Kohlrabi, Kopfsalat, Spinat, wird mit der Ernte das betreffende Beet freigeräumt und kann – wenn noch ausreichend Zeit ist – neu belegt werden. Anders ist es bei fast allen Arten von Fruchtgemüse. Bei Gurken, Tomaten, Paprika oder Zucchini kann man von den Pflanzen oft viele Wochen oder gar Monate regelmäßig Früchte ernten. Ähnlich verhält es sich bei der Ernte von Blattsalat, Rucola, Mangold und anderem Blattgemüse oder Kräutern, wo nach der Ernte immer wieder Blätter oder neue Triebe nachwachsen. Bei der Ernte sollte man darauf achten, das Gemüse möglichst ganz, ohne Verletzungen oder Schaderregerbefall zu ernten. Das gilt besonders für die Produkte, die man über einen längeren Zeitraum lagern möchte, da sonst die Lagerfähigkeit beeinträchtigt ist. Gemüse mit Fehlern, Bruch- oder Fraßstellen sollte man umgehend verzehren oder verarbeiten.

So werden die Ernte und der Verzehr des Gemüses zum Genuss.

Und einen Tipp hab ich auch noch: Feiern Sie Erntedank. Am besten jeden Tag und zu jeder Gelegenheit. Allein, mit der Familie und mit Freunden.

Als ich im Spätsommer meinen Bruder und seinen Kollegen zu Besuch hatte, halfen sie mir morgens bei der Kartoffelernte. Und abends gab es Kartoffelpfanne mit Blattgemüse. Ein herrliches, verbindendes Erlebnis. Laden Sie Ihre Freunde und Verwandten also nicht nur zum Essen ein, sondern davor schon zur Ernte. Es wird Ihren Gästen gleich nochmal so gut schmecken, wenn sie selbst im Garten Hand angelegt haben.

Gartengebeet

Herr, lass die Pflanzen tanzen, all hier auf meinem Beet
Hab sie geholt als Setzlinge, jemand andres hat sie gesät
Nun will ich ganz fest beeten
Dass alles gut anwächst
Immer Unkraut jäten
Es wär' doch wie verhext
Würde ich nichts ernten
Mit Gottes Hilfe schon
Das ist es was wir lernten
Nach der Arbeit kommt der Lohn!

Jörg Heiß

Lieblingsrezept

Je mehr und je länger Sie Gemüse anbauen, desto mehr werden Sie auch in der Küche ausprobieren wollen, was man alles damit machen kann. Auch mir ging es so. Ich bin kein leidenschaftlicher Koch und werde es wohl auch nie werden. Bei mir muss es schnell gehen, unkompliziert sein und gut schmecken. Neben allerlei Salatvariationen hat sich die „Heiße Gemüsepfanne mit Ei“ als mein Lieblingsgericht herauskristallisiert. Die schmeckt mir übrigens nicht nur warm, sondern auch kalt. Vielleicht wäre das ja auch was für Sie? Hier ist das Rezept.

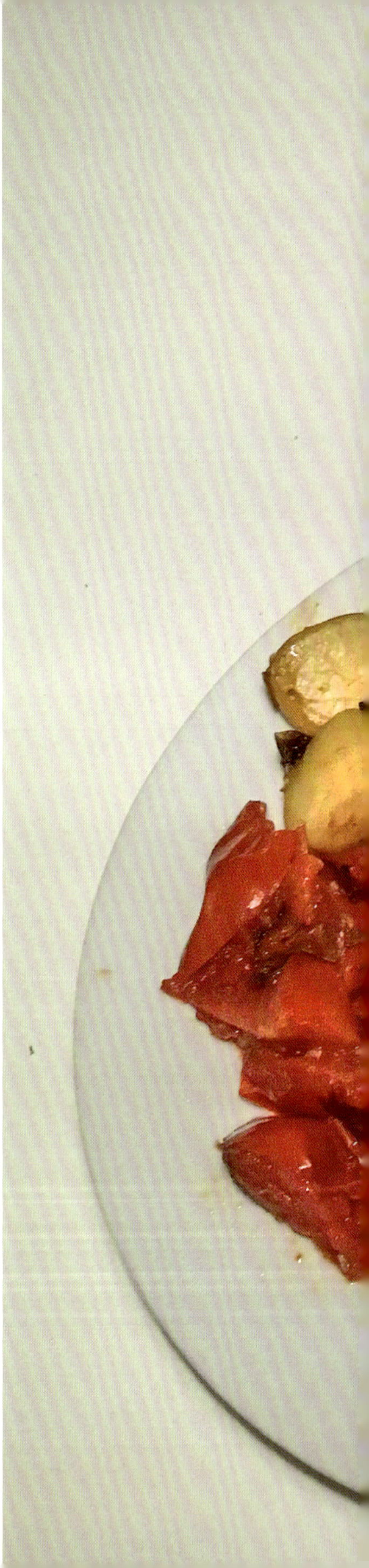

Heiße Gemüsepfanne mit Ei

Je nach Jahreszeit ändern sich die Zutaten in meiner Pfanne. Ich genieße Gemüsepfannen morgens, mittags oder abends. In wechselnder Zusammensetzung und mit wechselnden Gewürzen und Beilagen.
Als Beilage bezeichne ich Fisch oder Fleisch. Denn das Gemüse ist mein Hauptgericht.
Das schmeckt im Laufe der Zeit sogar mit wenig oder gar keinen Gewürzen. Ich selbst würze fast gar nicht mehr und genieße den ursprünglichen Geschmack meiner Gemüse. Tatsächlich habe ich den Eindruck, dass je länger und je mehr Gemüse ich esse, mein Geschmacksempfinden umso intensiver wird.

Zutaten:

- **Gemüse der Saison: Aubergine, Zucchini, Kartoffeln, Tomaten, Zwiebeln, Karotten, Salate**
- **Eier**
- **Oliven- oder Rapsöl**
- **Gewürze nach Geschmack (Pfeffer, Kräutersalz, Ingwer, Paprika, Zitronensaft, Agavensirup…)**

Zubereitung:

1. Alles Gemüse in Würfel, Scheiben oder Streifen schneiden
2. In der abgedeckten Pfanne zunächst die Zwiebeln in etwas Öl andünsten.
3. Je nach Garzeit dann nacheinander vorgekochte Kartoffeln, rohe Möhren etc. dazugeben. Ganz zum Schluss noch etwas Salat. Auch der schmeckt wunderbar in der Pfanne und muss nicht immer nur roh gegessen werden.
4. Wenn alles gegart ist, Deckel runternehmen und an der Seite in der Pfanne ein Spiegelei braten.

Viel Spaß beim Zubereiten und Variieren der „Heißen Gemüsepfanne" und guten Appetit. Genießen Sie das Essen und genießen Sie Ihren Gartenerfolg!

Wie geht es weiter?

Nun haben Sie also Ihren Garten eingerichtet und schon das ein oder andere geerntet. Sie haben erste Erfolgserlebnisse gehabt und auf dem Weg dahin schon allerlei Herausforderungen gemeistert. Wenn Sie also die Lust am Gärtnern entdeckt haben und gerne noch mehr Informationen und Anregungen bekommen wollen, dann schauen Sie doch mal auf meiner Seite vorbei: **www.heiss-auf-garten.de**

Ich habe die Seite extra eingerichtet als Begleitung für das Buch und als Weiterführung meiner Gärtnerphilosophie. Hier berichte ich über meine Garten-Projekte und setze Links zu allerlei, was ich interessant und teilenswert finde. Perspektivisch werden Sie dort auch den Zugang zu einer Seminarwelt erhalten, die ich zusammen mit Freunden aufbaue.

Auch wenn Sie das Buch bislang vielleicht nur gelesen haben und noch am überlegen sind, wie und wo Sie mit Ihrem Gemüsegarten starten wollen, empfehle ich Ihnen, mal bei mir vorbei zu surfen.

Ich freue mich, von Ihnen zu hören oder zu lesen.
Bis dahin! **Jörg Heiß**

Die TV-Serie „Heiß auf Gemüse" – Ein Blick hinter die Kulissen

Bei der TV-Sendung MDR Garten bin ich seit Anfang an dabei, also schon seit 2000. Neben meinen Aufgaben als Regisseur und Redakteur habe ich auch immer eine spezielle Rubrik betreut. In der ersten Zeit war das die Serie „Gartenküche“ mit Carola Sedlacek, unserer Expertin für Gemüse und Kräuter der Goethezeit. Als sie sich auf ihr Altenteil zurückziehen wollte, sah ich das Thema „Gemüse“ in unserer Sendung unterrepräsentiert. Also überlegte ich, was ich meinem Redaktionsleiter Michael Wenkel als Nachfolge vorschlagen könnte.

Die Geburtsstunde von „Heiß auf Gemüse"

Zu der Zeit hatte ich gerade eine Parzelle in einer Kleingartenanlage gepachtet und fand es absolut spannend, was dort an Herausforderungen auf mich zukam. Also wollte ich meinen Chef von der Idee überzeugen, dass wir doch eine Serie über Gemüseanbau im Kleingarten starten könnten. Während einer langen Autofahrt nach Mittelengland, wo wir eine unserer Reisereportagen für den MDR Garten drehen wollten, hatte ich Gelegenheit, mit ihm ungestört über das Thema zu sprechen.

Michael Wenkel hörte sich meine Überlegungen an und nach einigem Hin- und Her meinte er schließlich: „Jörg, wir machen das. Und zwar mit Dir vor der Kamera, in Deinem Kleingarten. Und dann nennen wir die Serie `Heiß auf Gemüse`.“

Ich freute mich über das schöne Wortspiel mit meinem Nachnamen und die Herausforderung, mich auch mal vor der Kamera ausprobieren zu können. Also machte ich mich an die Ausarbeitung des Konzeptes und kontaktierte Martin Krumbein, der schon verschiedentlich im MDR Garten als Experte für Gemüse aufgetreten war. Auch er war angetan von der Idee und erklärte sich bereit, sein Wissen mit in die Serie einzubringen. Besser hätte es nicht laufen können, das Projekt stand offensichtlich unter einem guten Stern! Das alles war 2014 und seither drehen wir in der Gartensaison jeden Monat eine Folge mit immer neuen aktuellen Themen rund um den Gemüseanbau im Kleingarten.

Der Dreh wird vorbereitet

Im Laufe der Jahre hat sich dabei ein bestimmter Rhythmus eingespielt. Am Drehtag komme ich

um 8 Uhr in meinen Kleingarten und mache letzte Vorbereitungen. Unter anderem koche ich Kaffee und decke den Terrassen-Tisch mit allerlei Köstlichkeiten, oft natürlich mit Obst und Gemüse aus dem Garten. Denn das Team, das ich um 9 Uhr erwarte, soll gute Laune haben und einen guten Start in den Tag.

Bei einem heißen Tässchen gehe ich dann mit dem Kameramann und dem Tonassistenten den Ablauf des Drehs durch. Einen groben Text habe ich schon im Vorfeld geschrieben und mit Martin Krumbein abgesprochen. Außerdem habe ich den Garten vorbereitet und Pflanzen gekauft oder was auch sonst so benötigt wird. Dann drehen wir schon mal die ersten Bilder.

Martin Krumbein kommt gegen 10 Uhr direkt vom Lehr- und Versuchszentrum Gartenbau aus Erfurt, wo er vorher bereits ein paar Stunden gearbeitet hat. Um dieselbe Zeit trifft auch eine Kollegin von MDR Online ein, die während des Drehs Fotos macht und einen Text für das MDR Internet schreibt. Viele Fotos, die Sie hier im

Buch finden, sind auf diesen Drehs entstanden und stammen von den Online-Kolleginnen.

Zuerst die Krumbein-Szenen

Mit dem nun auf fünf Personen angewachsenen Team spreche ich den Ablauf erneut durch und wir drehen alle Szenen ab, in denen Martin Krumbein im Bild ist. Wir müssen dabei möglichst zügig arbeiten, damit er zeitig wieder zurück kann an seine eigentliche Arbeitsstelle in Erfurt. Denn auch wenn ich in den Filmen immer sage „Martin Krumbein, mein Experte vom Lehr- und Versuchszentrum Gartenbau in Erfurt", so gehört Martin Krumbein doch nicht wirklich mir. Ich bekomme ihn sozusagen nur geliehen für ein paar Stunden. Das ist eine Übereinkunft, die der MDR Garten mit dem Lehr- und Versuchszentrum getroffen hat, das ein Teil des Thüringer Landesamtes für Landwirtschaft und ländlichen Raum ist, das wiederum zum Ministerium für Infrastruktur und Landwirtschaft gehört.

Gegen 13 Uhr sind wir meistens mit den wichtigsten Dreharbeiten fertig, machen Pause und verabschieden Martin Krumbein. Anschließend drehen wir die letzten Bilder. Gegen 14 Uhr verabschiedet sich dann auch das Team von mir. Ich bleibe noch eine Weile und pflanze fertig oder mache Restarbeiten, die getan werden müssen, aber für den Film nicht maßgeblich waren.

Was passiert nach dem Dreh?

Für einen fünf Minuten Beitrag benötigen wir eine Drehzeit von rund fünf Stunden. Das ist sehr schnell und klappt nur, weil alles auf den Punkt vorbereitet ist und wir ein sehr gut eingespieltes Team sind. Seit ein paar Jahren arbeite ich mit der Produktionsfirma Bildpool zusammen, die „Heiß auf Gemüse" mit mir im Auftrag des Mitteldeutschen Rundfunks produziert. Der Chef Ronny Schoenknecht ist nicht nur ein wunderbarer Kameramann, sondern auch noch ein versierter Schnittmeister, der die von ihm gedrehten Bilder selbst zusammenmontiert. Das hat den enormen Vorteil, dass er genau weiß, was er gedreht hat und auch genau das dreht, was er für den Schnitt braucht. Nicht zu viel und nicht zu wenig.

Meistens treffen wir uns gleich am nächsten Tag am Schnittplatz. Während er schneidet, passe ich den Text an und suche für die einzelnen Szenen Musik aus, die mir meine geschätzte Musik-Redaktionskollegin Elke Abendroth am Vortag schon vorsortiert hat.

Wenn alles passt, rufe ich meinen Redaktionsleiter Michael Wenkel oder seine Stellvertreterin Jana Eschrich an und bitte um die sogenannte „Abnahme" des Beitrags. Die Redaktionsleitung schaut sich den Beitrag an, hakt nach, wenn etwas unverständlich ist, oder wünscht sich noch den ein oder anderen Feinschliff. Zum Abschluss gehe ich in die Sprecherkabine, wo der Text zum Film aufgezeichnet wird. Und damit ist die neue Folge von „Heiß auf Gemüse" sendebereit.

Über die Autoren

Jörg Heiß ist seit 1999 Regisseur und Redakteur beim MDR Thüringen. Seine Gartenleidenschaft wuchs durch seine Mitarbeit bei der beliebten Fernsehsendung „MDR Garten". Der Wunsch, frisches Gemüse für sich und seine Familie anzubauen, stellt ihn immer wieder vor neue Herausforderungen. Zum Glück steht Martin Krumbein ihm seit 2015 als Gartenexperte in der MDR Garten-Reihe „Heiß auf Gemuse" mit Rat und Tat zur Seite.

Martin Krumbein ist Diplomgartenbauingenieur. Seit 1991 arbeitet er im Lehr- und Versuchszentrum Gartenbau in Erfurt, das seit 2019 zum neu gegründeten Thüringer Landesamt für Landwirtschaft und ländlichen Raum gehört. Als Referent für Gemüsebau leitet er das Versuchswesen im Fachbereich und unterrichtet an der Fachschule für Gartenbau. Durch seine Tätigkeit ist er sehr gut mit den Fachkollegen in ganz Deutschland vernetzt.

Danksagung

Ich bedanke mich bei:

- Martin Krumbein, ohne ihn wäre das Buch gar nicht denkbar;
- dem Lehr- und Versuchszentrum Gartenbau, vor allem Herrn Dr. Gerd Reidenbach, der es ermöglicht, dass Martin Krumbein mir zur Seite stehen kann;
- Benedikt Otto, Redaktionsleiter, der die Sendung „MDR Garten" im TV auf dem Weg gebracht hat;
- Michael Wenkel, Redaktionsleiter MDR Garten, der die Serie „Heiß auf Gemüse" aus der Taufe gehoben und immer unterstützt hat;
- Jana Eschrich, CVD MDR Garten, für ihren herzlichen Einsatz für das gemeinsame Ziel;
- Regina Lang, Digitalchefin von MDR Thüringen, die es möglich gemacht hat, dass ihre Online-Redakteurinnen die Serie seit Anfang an begleiten;
- den Online-Kolleginnen für ihren unermüdlichen fotografischen Einsatz;
- Boris Lochthofen, Direktor MDR Thüringen, für seine besondere Wertschätzung der Serie;
- dem MDR für die mehr als 25 Jahre andauernde Zusammenarbeit;
- der MCS Grafik, besonders Jana, Sabine, Pit und Mandy, die sich stets mit viel Liebe um die Grafiken der TV-Serie bemüht haben;
- allen Kolleginnen und Kollegen, Freundinnen und Freunden, die unser Projekt befördert haben;
- meiner wunderbaren Familie, meinen Eltern, meinem Bruder und meinen Kindern für die immerwährende Unterstützung;
- meiner Freundin für den stetigen Beistand, nicht nur beim Unkrautjäten;
- meinen beiden Kleingartenanlagenchefs Peter Beez für die Zuteilung des Gartens und Sebastian Ludwig für seine freundliche Zugewandtheit;
- Juliane für den Impuls, mit dem Kleingärtnern anzufangen;
- Carola Sedlacek für die Freundschaft und ihre Einführung in die Biodiversität. Sie schreibt gerade an einem großen Werk über vergessene Gemüsearten, ich wünsche ihr viel Erfolg dabei;
- Anne Huntemann für ihr beispielhaftes Lektorat und ihre großartige Fähigkeit, immer den Überblick zu behalten;
- Lena Siemann vom LV-Verlag für den Impuls, das Buch zu schreiben;
- Jana Steghaus vom LV-Verlag für das besondere Engagement;
- meinen Erstlesern Nicole, Anna, Marion, Michael, Sigrun und Uta für den kritischen Blick und das Feedback;
- allen Zuschauern für die positiven Rückmeldungen auf unsere TV-Serie und die Ermutigung, dieses Buch auf den Weg zu bringen.

Jörg Heiß

Ich bedanke mich bei:

- Jörg Heiß, für die Idee zu „Heiß auf Gemüse" und die schon über acht Jahre währende sehr angenehme Zusammenarbeit bei den Drehterminen in seinem Garten;
- dem MDR und den vielen Mitarbeiterinnen und Mitarbeitern für die inzwischen über 20-jährige Zusammenarbeit bei den Sendungen für „MDR Garten";
- bei den Drehteams des MDR und besonders bei Kameramann Ronny Schönknecht und den Mitarbeitern seiner Firma bildpool für die Ideen, die Sorgfalt und die Geduld bei der Arbeit;
- bei meinen Eltern, die bei mir das Interesse für den Garten geweckt und mich darin bestärkt haben, den Gartenbau zu meinem Beruf zu machen, der mir auch heute noch Freude bereitet;
- bei meiner Familie, besonders bei meiner lieben Frau, die das Interesse an Natur und Garten mit mir teilt und aus dem vielen Obst und Gemüse, das wir in unserem großen Hausgarten ernten, mit Kreativität und ihrem großen Rezeptbuch viele leckere Gerichte zaubert;
- bei meinen Kolleginnen und Kollegen am Lehr- und Versuchszentrum Gartenbau in Erfurt im Thüringer Landesamt für Landwirtschaft und Ländlichen Raum (TLLLR) für den Austausch und die Unterstützung und dafür, dass unser Engagement beim MDR als ein wichtiger Teil der Öffentlichkeitsarbeit betrachtet wird;
- bei meinen Fachkolleginnen und –kollegen in den Thüringer Gartenbaubetrieben, bei den Beratern und Versuchsanstellern im Gemüsebau in den anderen Bundesländern für den fachlichen Austausch und die Weiterbildung in meinem über 30-jährigen Berufsleben am LVG Erfurt;
- bei Lena Siemann und Jana Steghaus vom Verlag LV.Buch für ihr Engagement;
- bei Anne Huntemann für ihr sehr kompetentes und angenehmes Lektorat, ihre Fähigkeit aus den Texten von beiden Autoren ein organisches Ganzes zu formen und dabei immer den Überblick zu behalten;
- bei allen Zuschauern der Sendungen von „MDR Garten", für ihr Interesse an den behandelten Themen, ihre konkreten Nachfragen und die positiven Rückmeldungen auf unsere TV-Serie „Heiß auf Gemüse".

Martin Krumbein

Stichwortverzeichnis

Impressum

Deutsche Originalausgabe:
LV.Buch im Landwirtschaftsverlag GmbH, 48084 Münster

2. Auflage 2023

Gestaltung: Bettina Tiedemann, LV Media Pro im Landwirtschaftsverlag GmbH
Titelgestaltung: Bettina Tiedemann, LV Media Pro im Landwirtschaftsverlag GmbH
Fotografie: Valentin Bouvet/Pixabay: Seite 133; Juliane Bragulla: Seite 35; Daniela Dufft: Seite 6, 35, 55 unten, 64, 95 oben links, 103, 105, 118 oben, 120, 121 rechts Mitte, 129, 131 oben, 173 oben rechts; Dörthe Gromes: Seite 54 oben links, 176, 109 links; Jörg Heiß: Seite 10, 11, 14, 15, 17, 18, 29, 30, 33, 36, 39, 41, 42 unten, 44, 47, 51, 52, 53, 54 oben und unten rechts, 55 oben, 57, 59, 60, 61, 67, 69, 73, 78, 79, 86, 87, 89 unten rechts, 93 unten rechts, 94, 95 rechts, 97, 98, 99, 107 unten, 109 rechts, 110,111,118 Mitte, 119 unten, 121 oben, 124 links und Mitte, 135, 140, 141, 143, 144, 145, 148, 151 Mitte, 157, 158, 161, 162, 163, 165, 168, 171, 173 oben links und unten rechts, 180, 181, 182 unten, 183, 184, 188, 189, 191, 192; Teresa Herlitzius: Seite 160; Hannah Körnig: Seite 28, 33 oben links, 35 unten, 102, 122; Helena Körnig: Seite 12, 27, 54 unten links, 130 Mitte und rechts, 143 oben links, 152, 153, 159, 174; Martin Krumbein/TLLLR: Seite 135, 136, 165; MCS Grafik: Seite 38, 49, 80, 83, 91, 92, 104, 121 unten, 122, 123 rechts, 172; Harald Mohr: Seite 22, 88, 89 links sowie rechts oben und Mitte; Simon Roloff: Seite 42 oben, 107, 179, 185; Annett Zündorf: Seite 65, 66, 72, 74, 85, 93, 101, 108, 124 Mitte, 125 Mitte, 151 rechts, 154, 170, 182 oben links, 190

Illustrationen: gettyimages/iStock/ONYXprj; gettyimages/iStock/AllNikArt
Lektorat: Anne Huntemann, Landwirtschaftsverlag GmbH
Druck: Westermann Druck Zwickau GmbH

ISBN: 978-3-7843-5750-8

www.lv-buch.de

FSC
www.fsc.org
MIX
Papier | Fördert gute Waldnutzung
FSC® C110508